城 市 规 划
理论·设计读本

城市兴衰
启示录

—— 美国的"阳光地带"
　与"铁锈地带"

[美] 贾斯汀·霍兰德（Justin B. Hollander）　著

周　恺　董丹梨　译

中国建筑工业出版社

著作权合同登记图字：01-2019-3937号

图书在版编目（CIP）数据

城市兴衰启示录：美国的"阳光地带"与"铁锈地带"/
（美）贾斯汀·霍兰德著；周恺，董丹梨译. —北京：中国
建筑工业出版社，2019.5
（城市规划理论·设计读本）
书名原文：Sunburnt Cities: The Great Recession, Depopulation
and Urban Planning in the American Sunbelt
ISBN 978-7-112-24616-8

Ⅰ.① 城… Ⅱ.① 贾… ② 周… ③ 董… Ⅲ.① 城市规划-研
究-美国 Ⅳ.① TU984.712

中国版本图书馆CIP数据核字（2020）第022168号

责任编辑：张鹏伟　程素荣　刘文昕
责任校对：王　瑞

城市规划理论·设计读本

城市兴衰启示录——美国的"阳光地带"与"铁锈地带"
[美]贾斯汀·霍兰德（Justin B. Hollander）　著
周　恺　董丹梨　译
*
中国建筑工业出版社出版、发行（北京海淀三里河路9号）
各地新华书店、建筑书店经销
北京锋尚制版有限公司制版
北京京华铭诚工贸有限公司印刷
*
开本：880×1230毫米　1/32　印张：6⅛　字数：235千字
2020年6月第一版　2020年6月第一次印刷
定价：32.00元
ISBN 978-7-112-24616-8
（35280）

版权所有　翻印必究
如有印装质量问题，可寄本社退换
（邮政编码100037）

简　介

近年来，城市和环境研究越来越受到学术界关注，特别是创建可持续社区的方法和技术。这类研讨关注的核心话题是如何解决日益紧迫的城市衰退问题。其提出的大部分应对方法，都是通过各种增长政策来试图逆转衰退。这些增长政策的最终实施效果常常成败参半。

直到21世纪的初期，衰退还被认为是那些老工业城市所特有的问题，所谓"铁锈地带"（Rustbelt）特有的现象。但是，从美国"阳光地带"（Sunbelt）城市增长的突然逆转看，城市衰退是更具普遍性的发展问题。贾斯汀·霍兰德（Justin B. Hollander）在阳光地带和铁锈地带进行的调查研究可以为规划师和政策制定者提供经验参考。

霍兰德阐述了这些"收缩城市"背后的动因机制和统计数据，提出"为了增长而增长"的政策举措对社区并无益处，并积极地倡导收缩也同样可以带来城市发展。在菲尼克斯、弗林特、奥兰多和弗雷斯诺的案例研究中，霍兰德通过数据、文献和对（被区域衰退所影响和改变的）个人生活的深入分析支持了他的论断。

本书主要面向城市学者，探讨了当代城市研究的多方面问题，为城市设计、规划、公共管理和社会学领域的专业人士、学者和学生提供了一个关于收缩城市的研究基础。

贾斯汀·霍兰德是美国马萨诸塞州塔夫茨大学城市环境政策与规划学院助理教授，同时也是美国马萨诸塞州克拉克大学乔治·帕金斯·马什研究所的研究员。

"贾斯汀·霍兰德认同'精明衰退'或'精明收缩'的观念，其归根结底就是传统的柠檬/柠檬水智慧*：如果你的城市停止了增长，你能做哪些积极的应对？你可以像以往管理增长一样管理收缩吗？"

——Scott Dickensheets，美国拉斯维加斯太阳报

"霍兰德挑战了城市致力于摆脱衰退的主流思维范式，并否定了一般人认定阳光地带将迅速从止赎危机中恢复过来的观点。他把扎实的学术研究和引人入胜的叙事结合起来，使《城市兴衰启示录》成为规划师、政策制定者、学者及每个对未来的繁荣和萧条感兴趣的人所必读的一本书。"

——Dan Immergluck，美国佐治亚理工学院城市与区域规划学院副教授

"这是一个有用的研究分析，是对当前城市规划研究文献的有益补充。"

——Emily Talen，美国亚利桑那州立大学地理科学与城市规划学院教授

"《城市兴衰启示录》向规划师和政策制定者发出了呼吁，希望他们从'不惜一切代价求增长'转向'绿色的'和'经济可持续的'发展模式。霍兰德再次探索了一个独特的研究课题，极富说服力地提出阳光地带和铁锈地带的社区在解决人口下降和房屋空置问题上可以相互借鉴学习。这是一本各地规划从业者、政策制定者和研究者的必读之书。"

——J. M. Schilling，美国弗吉尼亚理工大学都市研究所副所长

"霍兰德是塔夫茨大学规划研究方面冉冉升起的一颗新星。"

——Lisa Schweitzer，美国南加州大学城市规划专业副教授

---

* ［译者注］"当生活给你的只有柠檬，那就把它们做成柠檬水。"一种激励乐观生活和积极态度的西方谚语。

致　谢

本书成稿很大程度上归功于朋友、同事以及家人的支持和鼓励。首先，感谢我在塔夫茨大学城市与环境政策与规划系的同事：Julian Agyeman、Rachel Bratt、Mary Davis、Laurie Goldman、Fran Jacobs、JamesJennings、Shelly Krimsky、Clare McCallum、Maria Nicolau、Barbara Parmenter、Ann Rappaport、Rusty Russell、Ann Urosevich 和 Jon Witten。除学院同事之外，我还得到了塔夫茨大学其他同事的大力支持，特别感谢 Andrew McClellan、Lynne Pepall、Durwood Marshall、Kent Portney 和 Jeff Zabel。感谢塔夫茨的硕士研究生提供帮助，包括 Erin Heacock、Elizabeth Antin、Pete Kane、Erin Kizer、Sarah Spicer、Michelle Moon、Becky Gallagher、Jessica Soule 和 Courtney Knapp。也非常感谢给本研究贡献知识的地方官员、社区领袖和居民。

感谢 Peter Wissoker、Frank Popper、Jeremy Nemeth、Joe Schilling、Terry Schwarz、Niall Kirkwood 和 Kristen Crossney 支持我对本书相关问题开展前期研究。在 Edward Glaeser 的慷慨邀请下，本研究的早期成果于 2008 年在哈佛大学陶布曼地方政府中心发表。成果的完善也受益于 2009 年一系列公开演讲中的听众反馈，包括：大学规划学院协会年会、波士顿大学社会工作学院座谈会，以及"后工业城市绿化：费城闲置土地的创新再利用"会议。

如果没有塔夫茨大学学院研究奖委员会和日内西研究所的资金资助，本书不可完成。感谢 Christina Kelley，还有克拉克大学乔治·帕金斯·马什研究所的 Robert Johnson 和 PamelaDunkle。同样需要感谢林肯土地政策研究所的 Armando Carbonell 一直以来的支持。

感谢 Susan Schulman 为我联系 Routledge 出版社，并感谢出版社 Alex Hollingsworth 和 Louise Fox 的耐心和专注。感谢《加拿大规划》（Plan Canada）授权将我与 Frank Popper 2007 年合著文章（第 47 卷，第 2 期）的部分内容用于本书。第 7 章的部分内容改写自我于 2010 发表在《城市景观》（Cityscape，12 卷，第 1 期）上的一篇文章。

向我的家人致以最深切的感激，感谢他们帮助我将这本书出版问世。

　　贾斯汀·霍兰德是我的朋友、合作者，也是我在罗格斯大学的城市规划专业学生。他探索了一个我个人认为很重要的课题：第一世界经济的长周期、全球转型"三阶段"，本书描述了最后一阶段的开端。该转型过程可能会剧烈冲击信息时代的美国城市和郊区，特别是本书的研究对象：阳光地带。作者给我们呈现出当代土地和环境历史性转变的早期表象，细心的读者会领会这种细微的（但真实的）变化。这些变化将会累积壮大，成为影响所有人的突破性变革。

　　霍兰德是一位拥有丰富实践经验的塔夫茨大学教授，他在 2009 年写了一本雄心勃勃且广受好评的著作《被污染的和危险的：美国最糟糕的废弃房地产及可实施的措施应对》。该书是一本实地工作指导手册，介绍一些满是令人生厌的大型两栖的土地、充满了有毒废物的 HI-TOADS（参阅此书）和其他环境灾害地区。他说明了为什么这些"生物"不会自我灭绝。他追溯了它们的自然历史，探索了其内部生态环境，并描述了其如何在规划师（饲养者）的帮助下进化成更加温和的形态。2010 年，他与尼尔·柯克伍德（Niall Kirkwood）和朱莉娅·戈尔德（Julia Gold）合著出版了《棕地再生：废弃土地的清理、设计和再利用》，将这种方法应用于修复 HI-TOADS 的关键物种——城市棕地。

　　在《城市兴衰启示录——美国的"阳光地带"与"铁锈地带"》中，霍兰德将其丰富的想象力投向了更大的话题，一个可能关忽国家命运的问题。本书开门见山，指出规划师、地方政府、社区活动家和城市研究者长期对城市人口减少的情景缺乏思考。他们大多忽略了人口收缩的可能性或现实。区划（Zoning）是地方政府用来控制土地利用的常用手段，然而美国没有哪个区划条例（明确地或隐含地）认为人口减少（或人口收缩）是可能发生的未来情景。

然而，美国东北部和中西部铁锈地带的去工业化大城市从 20 世纪中叶就开始经历持续的人口减少，例如布法罗、克利夫兰、费城和圣路易斯，还有典型案例底特律。那些本就贫困且少数族裔聚集的地区，成为受影响最严重的社区。它们几乎已被所有人抛弃，留守这里的都是些一厢情愿、绝望无助或无力迁移的人，例如易受犯罪侵害的老人。同样的悲剧也常常发生在铁锈地带的中等规模城市：如新泽西州的卡姆登市、伊利诺伊州的开罗市、康涅狄格州的沃特伯里市等。人口减少使得波士顿—巴尔的摩的美铁 * 旅途令人不悦，也使得穿越五大湖城市群的自驾游如同美国废墟之旅。在 1900 年，纽约州布法罗还是美国第八大城市，而现在布法罗的市中心看起来就像一个四十码的男子穿着六十码的西装，这种感觉在城市庞大的市政厅（维多利亚时代晚期风格）附近尤其明显。这个比喻出自于一群优秀的社区组织者们对俄亥俄州衰败状态的评论。

地方政府层面对历时两三代人的城市收缩几乎没有作出任何有效的应对，国家层面的应对措施更少。这使得部分社区和大部分城市的某些意识比贫民窟还糟糕。这些片区中的现代城市文明正在或已经消失，它们成为发展的污点，成为美国人的耻辱。其主要特征是：有许多废弃土地、衰败的房屋和商业建筑、四处都是安全栅栏，还有最富丽堂皇的建筑外观也遮掩不住的危机感。霍兰德对密歇根州弗林特市（通用汽车、重金属音乐和导演迈克尔·摩尔 ** 的故乡）的分析精辟地记录了这个过程。

随后，本书的研究转向阳光地带。从 2006 年底开始，该地区的快速增长（部分得益于铁锈地带的人口流失）开始停滞，不久之后出现

---

* ［译者注］美铁：Amtrak，美国国家铁路客运公司。
** ［译者注］迈克尔·摩尔（Michael Moore）：美国著名的左翼纪录片导演。

了社区和城市的衰退。造成这里衰退的原因，并非汽车或钢铁行业的去工业化，而是房地产行业的崩溃——抵押贷款止赎、房产资不抵债和业主断供弃房。这次衰败的地点不是老工业区，而是城市郊区或者是具有郊区面貌的信息时代新产业园。

截至2010年6月，内华达州的止赎率、破产率和失业率全美最高，金融和土地利用上面对罕见的三重困境。阳光地带的城市经济增长很大程度上依赖于住房开发和房地产交易，而这种增长此时终止了。霍兰德剖析了弗雷斯诺、奥兰多和菲尼克斯的城市衰败。那些空荡的、污秽的游泳池和倒塌的车库，象征着中产阶级繁荣的幻灭。有趣的是，得克萨斯州没有陷入这种困境，因为它拥有更严格的贷款法律和更多元化的经济体。与此同时，2010年人口普查显示，底特律等城市人口仍然在持续减少。

本书所持的基本态度是积极正面的，这或许稍显奇怪。霍兰德在弗林特、阳光地带的三个城市和其他地区发现了精明收缩的萌芽。我和我的妻子黛博拉·波普尔（Deborah Popper，纽约市州立大学史丹顿岛学院和普林斯顿大学的地理学家）借用大家熟悉的规划概念"精明增长"（运用环境理念来管理增长），在2002年7月的《规划》期刊上创造了"精明收缩"这个术语。

霍兰德指出，在阳光地带和铁锈地带出现的各种试验性精明收缩政策：拟定愿景、土地银行（Land Bank）*、快速地拖欠销售（Delinquency Sales）**、对公共机构持有的土地进行积极的维护（甚至拆除空置构筑物，如弗林特）、推广都市农业（如克利夫兰和底特律）。铁锈地带城市的人口减少历史远长于阳光地带，而它们也在五年前才真正开始处理收缩问题。我同意霍兰德的观点，阳光地带城市很快也会面临相同的挑战。

---

* ［译者注］土地银行（又称土地储备）：指美国政府针对土地和房产空置问题，授权通过建立非营利性机构来收购空置房产和土地，并将其进行储备，以便未来重新投入土地市场。

** ［译者注］快速地拖欠销售：银行将处于止赎状态的抵押房产以低价或拖欠价格快速地出售给当地居民。

霍兰德希望城市规划师和城市研究者重新认识"增长"：城市是否应该一直追求增长？他认为有时应该以"更小但更好"为目标，而不是不假思索地追求城市增长（如底特律或坦帕）。城市可以用新的方式来评估增长或衰退的前景，避免像 2011 年的扬斯敦和菲尼克斯一样，或像阳光地带 2011 年的孟菲斯和卡特里娜飓风（Katrina）来袭前后新奥尔良一样陷入困境。他也许可以成功说服那些持有怀疑态度的城市政客、商业团体和房产（土地）所有者。这些人一直都将增长视为不容置疑的必然，他们总设法让地方政治和房地产活动的步调一致。简言之，霍兰德认为，像精明收缩这样抽象的、极其反叛的规划理念，有可能在美国城市和郊区政治的死水之中掀起波澜。长远来看，我认同他的这一观点。

　　事实上，这个研究问题的内涵可能比这个更加宏大，涉及更多人、更大面积土地、更长历史跨度、更深层情感创伤。早在去工业化和止赎危机出现之前的几十年，克利夫兰和奥兰多的广大乡村地区就经历过人口收缩。在不受控制的国内和国际农业和资源市场波动影响下，农民为了规避市场不确定性而大量涌入增长的城市。

　　由于纽约州伊利运河开辟了中西部农田（推动了水牛城在运河西端的增长），新英格兰地区北部的缅因州、新罕布什尔州、佛蒙特州和纽约州阿迪朗达克山脉的一部分从 1825 年开始出现人口收缩。新英格兰北部的人口流失直到 20 世纪初才停止。新兴交通工具（汽车）和道路建设提高了它们与波士顿、纽约及其东部沿海城市的联络，由此吸引了游客和二套房买家。与此相似，南方很多地区在内战之后，白人和黑人的人口数量也经历了多年的减少。

　　当前，很多广袤的乡村地区正在经历长期的人口收缩：如密西西比河下游三角洲地区（由北部的伊利诺伊州、肯塔基州和密苏里州一直延伸至南部的路易斯安那州）、阿巴拉契亚中部（包括肯塔基州、北卡罗来纳州、田纳西州、弗吉尼亚州和西弗吉尼亚州的部分地区）、中西部地区的北部（包括密歇根州、明尼苏达州和威斯康星州的部分地区）以及阿拉斯加中部地区（布鲁克斯山脉和阿拉斯加山脉之间）。

目前，最著名的乡村收缩案例是大平原地区（Great Plains）。该地区占美国本土48州的1/6面积，从北部的蒙大拿州和北达科他州延伸至南部的新墨西哥州，跨越美国十个州、加拿大三个省份和墨西哥四个省份。在美国白人定居大平原后不到20年，这个最大的干草场在19世纪80年代末就开始出现人口减少，主要原因是当时冬季一连串的恶劣天气毁坏了大量的小麦种植和牲畜养殖。20世纪30年代的沙尘暴灾害期间（可能是20世纪美国最严重的环境灾难），大片地区出现了更明显的人口减少现象。

20世纪80年代中期，该地区持续缓慢的人口流失致使大部分土地回归到边疆状态*（Frontier）。根据19世纪人口密度普查数据，大平原大部分土地人口密度少于6人／平方英里，低于这个威斯康星大学和哈佛大学历史学家弗雷德里克·杰克逊·特纳（Frederick Jackson Turner）在西进运动时期用于区分边疆和稳定居民点的标准（曼哈顿最多可达138人）。该地区的大部分农产品（牛、小麦、玉米和南方的棉花）在国内和国际市场上已经失去了竞争力，仅仅靠着一系列联邦政府农业补贴和社会福利保障苦苦支撑着。在大平原乡村地区的城镇中，医生、律师、牧师、银行家和农机供应商逐渐流失。年轻人离开小镇去追求更好的发展机会，中年人留守在原地，老年人比例比美国大部分地区都高。

1987年，我和黛博拉在《规划》（Planning）期刊上发表了另一篇文章，探讨该地区发展困境的历史经验教训。我们认为，大平原的未来出路（特别是那些已经出现明显收缩的地方）在于创造一种介于传统农业和纯粹荒野之间的新的、更具环境敏感性的土地利用方式。我们将其称之为"野牛公共地"（Buffalo Commons）。就像精明收缩一样，这个概念最初也引起了争议，各方面人士感受到了潜在威胁：譬如当地的土地所有者、政治家和商业团体。对他们来说，这似乎是在蓄意

---

* ［译者注］边疆状态：是美国西进运动中对"文明世界"和"荒蛮世界"边界地区的概括，在美国当代文化中常用于指代进行未知领域探索时的认识前沿。

破坏既有的居民点，与西进运动历史成就逆向而行。

但是，农民、牧场主、印第安部落、州政府、银行和非营利组织（如国家最大的土地保护组织"弗吉尼亚州自然保护组织"（Virginia-based Nature Conservancy）和"得克萨斯州大平原恢复委员会"（Texas-based Great Plains Restoration Council））已经开始营建"野牛公共地"。美国有线电视新闻网富豪泰德·特纳（Ted Turner）购买了17个平原牧场，总面积超过3100平方英里（超过特拉华州和罗德岛州总和）。他致力于重新种植牧草，用水牛、羚羊和鹿取代其他牲畜，并圈养了一部分水牛，用于供应全国连锁餐厅：泰德蒙大拿烤肉店。这种人们喜欢吃的动物，一般不会灭绝。

在堪萨斯州，前共和党州长在80年代在任时谴责过我的主张，但在2014年转而开始支持。2009年，该州两家最大的报纸声明支持这一主张（全国首次），并建议将堪萨斯州与科罗拉多州边界的两个县（总人口2600人）作为跨洲野牛公共地的核心区（这两个县不出预料地极力抵制）。2010年，堪萨斯州民主党人在竞选美国参议院议员时，宣布将不遗余力地支持建立野牛公共地。

我和黛博拉很希望在有生之年能看到一个大型的、明确的野牛公共地建成。我们在1985年开始进行大平原研究，那时标准的政治和环境立场是认为野牛经历了可怕的19、20世纪。据估计，1750年的大平原尚有3千万—7千万头野牛；随着白人和其印第安人盟友的到来，数量在1900年下降到1000头以下；而现在已经恢复到大概50万头，而且数量还在快速增长。野牛数量是许多平原生态修复工作和规划中的关键性指标，也包括因全球变暖而气温回升的南部平原。

这些政治愿望意在放眼未来而非回溯过往。在21世纪恢复野牛数量是一项国家使命，是为大平原地区居民（特别是印第安人）纠正过往错误的机会。大平原主张的成功，使我们在野牛公共地的文章发表15年之后，又产生了精明收缩的想法。这个概念实际上是对野牛公共地的扩大化，将其拓展到新的领域和城市空间。

综上所述，美国乡村的大型农业生产地区从 19 世纪开始出现了人口衰退、经济萎缩和偶尔的社会复苏。1950 年代以来，铁锈地带的大、中规模重工业城市也都走过了相同的路径；现在还看不出它们能否复苏。信息时代下的阳光地带中产阶级城市和郊区刚刚开始踏上这条道路。这三种类型的地区——乡村、城市和郊区，农业、工业和信息社会——在同一时代经历人口减少，合成一部衰退的三重奏。

美国的其他地区很可能会继续增长。纽约、洛杉矶、芝加哥、西雅图或华盛顿特区等大城市，可以通过接纳移民人口、适应信息时代和吸引年轻人不断扩大规模。部分农村地区也会出现增长，例如新英格兰地区南部、南方的中西部或太平洋西北沿岸靠近大城市的地区。全国各地的一些郊区，那些没有经历阳光地带那样快速、轻率的增长的郊区，也不会出现衰退。

以上分析也适用于大部分其他第一世界国家。许多西欧国家面临着区域尺度的老工业区收缩，比如德国鲁尔区（多特蒙德、杜塞尔多夫和埃森）和英国除伦敦以外的大部分工业城市（格拉斯哥、利物浦和纽卡斯尔）。由于传统农场衰败和自然资源枯竭，西欧的乡村地区也出现了人口收缩：西班牙中部（畜牧）、南威尔士（煤）和法国东部沿德国边境的孚日山脉地区（混合农业）。大多数地区正在用各种新产业替换苦苦挣扎的农业，或者，通过引入信息时代消费经济中的旅游、娱乐、养老和文化产业来进行补救。

俄罗斯及其曾经的东欧卫星城也有类似的乡村地区，也有不断衰退的去工业化大城市，如东德地区（开姆尼茨、马格德堡和罗斯托克）、苏联计划经济体制下的工业污染城市（贝加尔斯克、皮卡列沃和陶里亚蒂）。日本和韩国（某种程度上）也有类似的问题，再加上其特有的人口老龄化现象（它们几乎是世界上最衰老的国家）。

这些分析营造了一种悲观氛围。在美国发展语境下和国际金融领域中，这预示时下的经济萧条可能呈"W"形发展：阳光地带郊区的崩溃可能带来经济的第二次探底，美国经济的持续低迷和南欧政府的财政赤字可能会加剧或催化这一过程。并且，这种萧条与传统的马尔萨斯环保主义者关于资源短缺或社会贫困的故事大不相同。

在许多美国（以及欧洲和东亚）的农场损失惨重的同时，食品和纤维产品供应出现了过剩现象。在汽车、钢铁和其他制造业为主的城镇深受伤害的同时，精良的汽车和工业设备供应却很充足。美国农民、农场主、伐木工、矿工和各种重工业企业都不存在生产不足、需求滞后或技术过时等问题，他们面临着相反的情况：生产过剩、需求充足、技术领先。就个体看，他们都非常高效且成功，但正是他们优秀的工作能力损害了自己的利益。

最终结果是，他们被彻底忽视了。从长远来看，整个社会可能会受益。但是被遗忘的人和地区，通常是因为没有资源可用，因而遭受巨大的损失。本应受保护的美国特色工艺、技术和生活方式正悄然消失，且几乎没有人注意到或感到惋惜。虽然我们声称追求并珍重多样性，但文化仍在不断同质化的过程中变得愈发单调，变得更加国际化、全球化，有效但无趣。我们的社会有着堆积如山的问题亟待解决，其他国家以及巴西、印度等也是如此。

精明收缩、收缩规划、对增长的再思考、野牛公共地——霍兰德的这些想法，我和黛博拉需要进一步研究探索。说出来有些滑稽，第一世界的成熟资本主义制度对于人、团体和地区的嘉赏和惩戒从未落空。我们需要进一步理解蒙大拿东部、底特律和弗雷斯诺社区、欧洲和东亚国家，以及迅速崛起国家的状况。这本书在该研究方向上迈出了一大步，所以我向大家强烈推荐。

弗兰克·J·波普尔（Frank J. Popper）

罗格斯大学和普林斯顿大学

美国新泽西州高地公园

目　录

第1章　引言

密歇根州底特律市

底特律西北部一直是乐华（Leroy）和他家人的故乡。他们想继续留在这里，但这个社区正在发生变化。自 1950 年以来，大底特律地区已经失去了近一半的人口。西北部这个以 20 世纪 20 年代风格单户住宅（占地 1/4 英亩）为主的社区，过去总能够勉强维持下来。但是，现在出现了问题。底特律人口流失问题已经开始渗透到西北部地区，空置的房屋成了纵火犯的目标，废弃建筑被烧毁之后成为无人照料的空地，曾经热闹的街道现在空无一人，犯罪团伙也开始侵入。乐华和家人争论是否该搬离这个地方，但他们最终还是决定留下来，并开始努力让这里变得更好。

佛罗里达州矮牵牛公园

黛博拉（Deborah）和汉克（Hank）认为自己终于实现了梦想。在忍受过临时住房和贫民窟租房的艰辛生活之后，他们终于在佛罗里达西海岸一个沼泽改建项目中购买了属于自己的房子。房地产经纪人和按揭工作人员承诺实现他们的"美国梦"，黛博拉和汉克在矮牵牛公园社区（一个新建在湿地上的1000 套住宅单元社区）的购房合同上签了字。由于使用了没有首付款的可调利率按揭贷款，在最初的几个月，按时还贷并不是个问题。然而，在入住仅数月之后，全美次级抵押贷款市场崩溃的消息蔓延开来。很快，他们的新邻居们都开始搬离，有些人是出于自愿，有些人是由于房屋进入止赎（Foreclosure）*而被迫逃离。如今的矮牵牛花园社区基本处于烂尾状态，仅剩下包括黛博拉和汉克在内的几十家业主。由于该住宅开发项目当初定价太高，现在已经失去了市场，银行信贷紧缩进一步压缩了新购者数量。这个曾经的"梦想社区"变成了一场海市蜃楼。[1]

这本书的研究目标是分析广泛出现的人口收缩现象，并了解其对阳光地带社区的影响。研究希望通过分析乐华及其家人在铁锈地带城市底特律的处境和经验，来理解和指导黛博拉和汉克这样的家庭在阳光地带所面临的相似困境。过去，公共政策和规划措施除了尽力扭转局势以外，对人口收缩问题几乎没有提出什么建设性意见。但现如今，在"收缩城市"概念之下，那些人口持续流失且逆转无望的地区终于有了一丝希望。收缩城市研究过去主要关注那些长年衰退的地区，例如圣路易斯和底特律。事实上，"收缩"这一概念也可以帮助阳光地带城市解决新出现的人口衰退问题，给这些刚结束经济繁荣期的政策制

---

* ［译者注］止赎：指处于按揭贷款状态的房产，当贷款者无力还款或不再定期交付月供时，贷款机构（主要是银行）依据合约收回房屋产权。

定者和规划师提供参考。

当面临由人口收缩带来的挑战时，全球的城市规划师都将增长视为灵丹妙药（Portney，2002；Pinderhughes，2004）。在发展这一大旗帜下，这些规划师试图通过追求增长让城镇变得更大、更好。韦氏词典将"发展"定义为："分步骤、阶段性的成长和进步"（Guralnik，1986，p.386），是指以不确定方式向前进步。对于城市而言，发展的意义到底是更健康的孩子？更多的工作岗位？更少的犯罪？还是仅仅意味着更多的人口？

在弄清楚这个问题的答案之前，甚至在就前进方向与公众达成共识之前，规划师就已经着手操纵政策和法规，开始追求城市发展。其结果常常令人沮丧。

为了增长和进步，布法罗市修建了一条价值数十亿美元的轻轨，而同时，大量公立学校仍然面临严重的资金短缺。为了发展，扬斯敦市给几所监狱的建设提供巨额补贴，而在打击违法犯罪上的资金投入反而很少。康涅狄格州布里奇波特市的发展战略中提到，要利用公共资源建设数个体育场馆，但这些场馆绝大部分时间都处于空置状态，而隔壁的公共住房却亟待资金进行屋顶修理。

对发展模式的批判很多，大卫·哈维、苏珊·费恩斯坦、尼尔·史密斯这些大思想家们站在了斗争的前线，反抗压迫穷人、房地产攫利和服务于政治野心的城市政策。这些批评关注增长给居民（特别是弱势群体）生活品质产生的影响，也关注地方政府的决策过程。如前面所说，如果这样的发展结果是失败的，那可能是发展概念本身具有致命缺陷，应该被完全放弃。

另一方面，对增长的理解也可以很具体，就是指人口、就业，甚至收入水平的增加。但是，这样的增长是城市进步的唯一方式吗？人口的增加是否意味着城市可以向子女提供更公平的教育？更多的工作岗位是否意味着城市可以提供更好公园和休闲设施？在某些情况下，答案是肯定的。但是，对于另一些城市来说，发展也可能以另一种方式呈现：收缩。

在不寻求增长的情况下，规划师也有可能推动城市发展，也有可能提高居民生活品质，甚至也有可能提高收入水平。虽然，有些规划师可能会嘲笑这个想法，但越来越多的证据表明（如这本书所写），城市的发展是可以通过收缩来实现的。

越来越多的规划从业者和学者开始接受这种观念，并将这种思维融入有关人口和经济衰退的探讨中，改变了"衰退"的研究语境。"收缩城市"的支持者们拒绝了北美大部分城市规划遵守的增长范式。收缩城市倡导者认为，不要试图在所有衰退的城市中寻求增长，因为并非所有城市都有可能恢复昔日的繁荣景象。

对于某些城市而言，与其用激烈的经济刺激举措和其他一般性经济发展工具来追逐工业发展，不如把重点放在改善留守在落后地区的居民生活品质上，这样的抉择才更加恰当。

本书介绍了有关铁锈地带衰退的历史研究，为城市规划提供了一种全新的理论框架。这一框架在收缩城市语境下重塑了城市发展方式，并且为深受止赎危机（Foreclosure Crisis）和经济大萧条冲击的阳光地带城市（称其为"焦蚀城市"，Sunburn Cities）提供发展路径。这些被过去繁华阳光所灼伤的城市可以汲取铁锈地带的收缩经验，在规模收缩的情况下谋求发展规划。采用这种概念性规划框架，他们可以根据收缩的人口数量重新整理物质空间景观，可以重新配置基础设施和公共服务设施，使其更好地为少量的居民服务。虽然新泽西州卡姆登市和纽约锡拉丘兹等"锈蚀城市"已经无可挽回，但"焦蚀城市"还有发展的希望：佛罗里达州的圣彼德斯堡还有可能控制住城市收缩，亚利桑那州的坦佩市还有可能在小规模发展模式下变得更好。

这听上去好像有些沮丧，似乎是在向周围的衰败势力屈服，让城市默默承受损失。然而，事实上却恰恰相反，这个理论框架为城市提供了应对人口收缩的新方法，也同时为地方在重新获得增长机遇时提供了方向。我在此主张，城市要摆脱增长/衰退的二元抉择，直接通过管理社区变化来解决实际的问题。

摆脱当前"衰退"话语体系的方法，是重新思考城市发展中"成功的标准"。只有改变用于度量发展成效的方法，城市才能从根本上认识到优先对社区和地方进行投资的重要性。旧的指标体系中，城市的成功标准是新增工作岗位的数量，按照这种逻辑，存在就业岗位流失的地区就不能具有高品质的生活。这显然是不正确的。尽管匹兹堡的就业和人口在过去30年中一直减少，但它仍是美国最具吸引力的城市之一。事实上，在全美和世界各地，很多最受欢迎、最具吸引力和最理想的城市实际上都在收缩。因此，规划者不应该只关注负面指标，而应该更关注社区之中的变化，不管这种变化是增长还是收缩。

给增长的地区编制发展规划是合乎逻辑的。我们有一整套有关增长管理、社区赋权以及环境保护的政策和规划方法（通常在精明增长的旗帜下），可以用于引导城市发展（Meck，2002）。这种思想的核心是当区域增长时（即使城市面积正在减少），新的增长应该集中在城市现有的建成区，以扭转其人口衰退（Lucy，Phillips，2000；Calthorpe，Fulton，2001）。几十年以来（或更长历史时期内），把新的增长集中到现有建成区一直是规划的核心原则（Real Estate Research Corporation，1974）。但如果增长不愿意进入建成区呢？如果这个区域本身并没有增长呢？

一些评论家从其他角度分析了这个问题。奥菲尔斯（Ophuls，1996）从政治经济学的角度出发，批判了任何将发展作为通往公正、公平和生态友好社会路径的看法。

亨佩尔（Hempel，1999）等人基于可持续性提出了一种新的发展概念。美国规划协会也决定不再正式使用"发展"一词，但仔细阅读其2000年的政策指南就会发现其实并非如此。以下是该指南的摘录，指南要求规划者不断满足未来的需求，即"不断增长的人口，及其不断增加的消费需求和生活品质渴望，同时，保持生物圈中自然环境的多样性"（APA，2000，p.1）。该指南仍然假定人口增长是规划师关注的重点，将其政策引导限定在发展、增长和进步的前提之下。对于人口收缩情景下的社区、城市和区域，美国规划协会并没有给其指导的 35000 名执业规划师们提供任何政策指南。这一疏漏很大程度上是由于城市规划与房地产开发过程的联系过于密切，从另一方面也说明了进行城市收缩面临的困难。

人口收缩的城市

人口收缩的城市首先面对的挑战是税收收入减少和州、联邦援助的削减。随着商业和居民的流失，城市从税收中获得的政府收入开始减少。由于各州和联邦政府提供相关援助的计算方式，当人口低于一定阈值水平时，上级政府也可能停止对地方政府提供援助。

20 世纪 80 年代以来，有很多研究分析了铁锈地带城市的经济和人口衰退（Bluestone，Harrison，1982）。众所周知，部分美国大城市的人口经历了持续的减少：在全美最大的城市之中，1950—2000 年间的各个十年，平均有近半的城市出现了人口流失（64 个城市中的 27 个）。在这 50 年中，圣路易斯、底特律、布法罗和新奥尔良等城市流失了一半人口。随着制造业的崩溃和向服务业经济转型，东北和中西部的许多城市几十年来一直存在人口和就业的减少。人口统计学家详细地分析了过这一现象，我们非常确定已经发生了人口流失，也非常确定未来人口流失还会出现。

虽然刚刚露出苗头，但阳光地带的住房废弃和人口流失现象已经普遍存在了。快速上涨的房价、次级按揭贷款以及不间断的建设热潮被认为是 2006 年房地产市场崩溃的根源，也被视为经济大萧条的推动力（Immergluck，2009）。

2000—2006 年间，阳光地带的人口急剧增长突然停止，并开始出现逆转。2009 年圣诞前夕，《纽约时报》在头条宣布"阳光地带的人口不断增长终止了，佛罗里达州、内华达州和加利福尼亚州当前迁出人口超过迁入"。这些数据和事实终结了长期维持的人口流动走向，即从寒冷的铁锈地带搬至南部、西部等阳光丰富且温暖的地区。

人口变化深受美国几十年未见的止赎危机影响，同时其本身也是导致危机的原因之一。根据按揭银行家协会估计，2007 年 9 月，全美约有 90 万借款人处于止赎状态之中（Mullins，2008）。"昔日繁华的阳光地带城市是此次经济衰退震荡的重灾区"，并且，它们在管理土地利用方面承担着止赎造成的巨大压力。在亚特兰大南部，由于按揭欺诈和还款拖欠，部分社区已经出现了高达 40% 的房屋空置率（Leland，2007）。2008年，菲尼克斯的马里科帕县（Maricopa County）有13000套房屋处于止赎状态，比上一年增加了600%（Fletcher，2008）。

阳光地带的城市衰退与铁锈地带的经历有所不同。事实上，阳光地带的灾难可能只是短期现象，这些"阳光充沛的城市增长机器"也许很快会再次加速增长。但是，这些地区也有可能将持续停滞不前。未来经济状况并不确定，过去几年的发展情形也可能是将来持续收缩现象的预兆。

如果阳光地带持续收缩下去，毫无疑问，其人口和土地利用变化将彻底改变美国的城市、郊区和乡村景观。为促进就业，规划和公共政策一直致力于解决人口和经济变化问题（吸引人口就业回流），但是，有些事情确实超越了政府的能力范围。例如佛罗里达州的奥兰多，在止赎危机开始之时，政府官员们急于挽救摇摇欲坠的经济。他们为吸引国际知名的"伯纳姆医学研究所"（Burnham Institute for Medical Research）而制定了一套搬迁补贴计划，总额达3.672亿美元。研究所最终同意了搬至奥兰多，预计将带来约303个就业岗位，每个岗位的成本约为120万美元。在这个案例中，奥兰多以每个岗位120万美元的价格，在研究所选址竞争中胜出。这个案例说明了改变一个城市的基本经济条件有多么困难。当时，奥兰多的公共财政还能承担"购买"工作的需求，但考虑到其多达7500个的失业劳动力，这对城市经济问题的改善也是有限的。

对于那些经历持续、长期变化的城市而言，对于那些短期内不会出现人口回流的社区而言，解决问题办法也许在于如何用有效的、可持续的方式来管理变化，而不是花费每个岗位超过100万美元的价格与衰退趋势抗衡。

当然，人口只是影响物质环境和塑造社区生活的众多要素之一。社区中的种族、民族和阶级变化会对社区的稳定、和谐与活力产生深远的影响。随着过去数十年美国移民人口的爆炸式增长，很难相信人口收缩如何会成为一个具有挑战性难题。这是因为大部分新移民都在追随着工作机会流动，没有就业增长的城市几乎就没有新移民人口。本书研究的就是这些地方，很少有移民迁入且许多人迁出的地方。露西和菲利普斯（Lucy，Phillips，2000）曾经描写过不断迁移的美国人：租住房子的人平均每三年搬一次家，拥有住房的人平均每七年搬一次家。正如露西和菲利普斯所说，如果你的社区不能常常吸纳（国内或国外）新居民进入，那么其净人口变化就会逐渐呈现负值。

莱昂妮·桑德科克（Leonie Sandercock，2003）是这样描写21世纪的"混血城市"（mongrel cities）：不同类型、语言、大小和身材的人们在同一个社区中聚集，因此产生了身体上和社会关系上的改变。戈特利布（Gottlieb，2007）描述了拉丁裔移民文化对洛杉矶环境运动的广泛影响。这项运动的关键人物是城市规划师詹姆斯·罗哈斯（James Rojas），他是在创造更密集城市空间方面的激进分子，也是以拉美裔移民故乡家园的形象来重塑城市社区的活动家（Gottlieb，2007）。

这些文化、语言和社会因素会对社区产生深刻影响，甚至可能会导致社区人口增长和下降。本书中，我将会密切关注这些因素如何影响收缩城市的社区变化，以及社区构成、历史以及居民秉性如何使其应对收缩的规划变得不同。

退一步讲，人类聚落在历史上和未来都是不均衡发展的。当我们回顾罗马遗址或设想未来崩塌的摩天大楼时，我们发现人类文明离开某处时总会留下人工遗迹。随着发展中国家的高速增长和发达国家郊区的蓬勃发展，许多分析者把研究重点放在增长对物理环境的影响上。但是请不要忘记，收缩造成的环境影响效果同样显著。我将在本书中提出，收缩对人类聚落造成的破坏甚至超过了增长的贡献。

我希望在本书中通过保持积极的态度来树立新的观点。城市收缩带来的环境变化并非都是坏的。尽管我关注物质空间环境，但本书已经超越了城市规划建成区的研究范畴，转而进入更广泛的社会意识衰退层面。通过我的调查发现，应对城市衰退的经验教训，也可以作为其他学科应对变化时的参考。对于规划师而言，变化本身就是规划所需克服的挑战，不管是好变化还是坏变化。规划师的工作就是控制和管理变化，使得其结果永远对我们（住区、商业和社区）有益。

在其他领域应对变化可能很困难，尤其是应对与收缩和衰退相关的变化。商业的收缩意味着什么？教育课程的收缩意味着什么？组织的多样性收缩时又意味着什么？在这项研究中，我将阐述了城市收缩意味着什么，并将其转化为有关衰退的更广泛、更普遍论述。

城市是开展这项创新研究的好地方，因为关于城市的任何理论都会引起激烈的争论。从早期的乌托邦式规划——如埃比尼泽·霍华德的《明日的田园城市》到柯布西耶的《光辉城市》，再到如今新城市主义者及其公交导向型开发模式。在过去的几个世纪里，解决城市问题的方式一直是创造"非城市"（non-cities）。非城市有许多不同的形式，但在许多政策和规划方案中，仅意味着在田野、森林或湿地等地区重新开始建设城市。不管这些过去的规划实践是否正确，其结果是形成了一种反城市传统，深深地影响着城市社会的发展。除非发生重大的社会、政治或人口变化，否则城市的衰退永远都不可能完全消失，规划师应该集中精力去尝试管理那些可能导致城市变小的变化。

本书提纲

本书是分析阳光地带中城市收缩与增长规划之间政策悖论的调查研究。其论述结构服从本书的核心观点：当阳光地带的城市处于人口收缩和投资减少的困境中时，可以从铁锈地带城市的发展中汲取经验。阳光地带独特的政治、地理和历史背景有助于我们理解为什么这里会发生人口收缩现象，同时也有助于我们理解收缩如何以相似或不同的方式，影响阳光地带的物质空间环境（第 2 章）。

在过去 30 年中，铁锈地带的城市由于人口流失而出现物理环境变化。有两个章节介绍了这些变化：首先，以宏观视角，我分析了数十个铁锈地带城市在人口和物质空间环境上的变化（第 3 章）；其次，以微观视角，我分析了密歇根州弗林特市的三个社区中发生的变化（第 4 章）。

理解这些变化为阳光地带的城市规划的理论框架奠定了基础（第 5 章）。该框架参考了第 3 章和第 4 章中的经验数据，同时也参考了第 2 章中丰富的文献综述。

回到阳光地带，我以上述理论框架为指导，在宏观层面上对阳光地带的人口和物质空间环境变化进行了记录和分析（第 6 章）；在微观层面上，以三个收缩城市为案例，我考察了地方官员和社区领袖在应对衰退中的作用（第 7 章、第 8 章和第 9 章）。

本书最后将调查结果和研究目标结合起来，提供了相应的政策建议（第 10 章）。

第2章　如何认识衰退

引言

几十年来，城市规划师一直陷入在错误的二元论中：当社区人口增长时，就会繁荣；当期人口减少时，就会经历苦难。1975 年，E·F·舒马赫（E. F. Schumacher）用其传奇著作《小就是美》（Small is Beautiful）批评了这种错误的二元论。芬克勒（Finkler）等人紧接着于 1976 年出版了《城市非增长》（Urban Nongrowth）一书。但是，这些批评在现实世界中还没有引起真正的反响，将增长 / 衰退看作一体还是主流思想。这直到最近才有所改变。

一些规划师开始思考，他们所规划的社区是否能够在保持小规模（甚至人口减少）的同时，维持健康成长并有所改善。这种思想转变来源对过去几十年中各种增长导向经济发展战略的失望，也来源于美国和其他国家的城市在抵抗衰退上的失败。将公共资金注入到新建体育场馆、就业培训中心、基础设施或新住房，这些举措对有些地方产生了正面影响，对有些地方则没有，并且成功与否与城市大小无关。麻省理工学院的林恩·费舍尔（Lynn Fisher）等人称之为"被遗忘的城市"（forgotten cities），经济转型力量的成功并不是在所有城市都可以看到。事实上，越来越多的证据表明，在解决结构性经济要素问题方面（如人口和就业衰退等），经济发展政策案例中失败的远多过成功的（Boyer，1983；Schumpeter，1983；Logan and Molotch，1987）。

城市衰退一直是个污名。博雷加德（Beauregard）在 2003 年出版的《衰退之声》一书中，详细阐述了"衰退"话语体系在美国文化中发展和定位。博雷加德的结论是，现代社会为了追求更大、更快、更全面的发展，需要把 20 世纪中期城市的人口和就业衰退与郊区的增长和活力对立起来。因此，像纽瓦克、圣路易斯和底特律这样人口减少的城市，没有被描述为中性的人口变化现象，而是将其与郊区的改善进行对比，进而被定性为一种非常负面的事情。

但是人口减少对一个社区来说并不一定是坏事。更少的人意味着更少的交通拥堵，也意味着可能有更多开放空间和休闲机会。城市里的人口越少，意味着教室里的教师 / 学生比例越高，警察和消防部门的反应速度也会更快。城市人口规模越小，其环境足迹会越小。这有助于减少城市在全球气候变化上的影响。工作岗位的减少意味着道路上汽车数量减少，空气质量会有所改善。工厂更少意味着污染减少和水质改善。白人人口和就业的下降从来不会成为公共政策和规划的目标，但如果管理得当，其对留守的居民和工人的影响可能会是相当正面的。

但是很不幸，城市对如何管理衰退知之甚少。人口流失通常是各种社会、经济和财政问题的结果或动因。因此，地方政府的下意识反应是努力逆转人口减少的趋势——而实现这一目标却并不容易。

在这一章中，我对混乱的城市衰落现象进行了一些整理。首先，我综述了当前有关人口减少中社区物质空间变化的主要观点——介绍了一个有关住房市场稳定的基础经济学模型。接下来，我将回顾规划师和政策制定者在面对城市（镇）人口减少时所能做出的抉择并提出从收缩城市研究中产生的想法："精明收缩"。

当前，各地的学者和专家都在寻找解决铁锈地带问题的办法，其中精明收缩是一个引人注目的提法。在短时间内，这个概念从无人知晓上升成为国家智库级别的观点。我简要地回顾了收缩城市概念发展的历史，以便给本书的研究重点（阳光地带）提供必要背景知识。虽然大家都在关注收缩城市问题，但到目前为止，还没有人认真研究过这对"阳光地带城市"意味着什么。本章陈述了一些历史的、政治的背景，帮助读者理解这些城市过去是如何失败的，也说明了为什么这些案例经验有助于重新思考城市规划实践。

1. 社区在人口流失中物质空间变化

一个地区人口衰退现象常常不能够归结为某种单一的理由或解释。导致人口流失的原因有很多种，例如自然灾害、去工业化、郊区化、全球化，还包括经济自然兴衰周期。博雷加德从对美国城市 1820 年到 2000 年收缩情况的分析中提出了收缩的三个维度（比率、程度和持续性），并总结得出，在不同的历史时期中人口衰退的原因是不同的。

理解衰落的理论和概念很重要，但是本书想写的不是为什么某些地区人口会减少，我更关注如何认识人口流失的后果，以及地方规划师和政策制定者应当如何管理这种变化。

当某地的就业率下降时，人们就会理性地选择离开这个地区，迁移到有新就业机会的地方。这种过程会产生几个问题：首先，当人离开一个社区时，城市的物质形态不会自然而然地衰减。利用 1970 年美国 321 个城市和 3 万居民以上的镇作为时间序列样本，格莱泽和盖尔科（Glaeser, Gyourko, 2005）研究了住房的耐久性。其研究显示，人口减少城市的房价下降速度比人口增长城市的房价上升速度要快。他们的研究指出，住房的耐久性对社区稳定性构成了长期威胁。其他研究也得出了同样的结论，即住房不会像人一样在短时间内消失，因此，那些被遗弃的建筑就会成为犯罪活动的避难所，从而拖垮社区（Wallace, 1989）。

其次，人口衰减带来的另一个问题是，只有那些有能力的、有办法的城市居民才能够选择迁移，留下的往往是最贫穷潦倒的人。随着中高收入居民的减少，年轻人学习的榜样越来越少，其个人发展前景也就变得越来越黯淡（Wilson, 1987; Sugrue, 1996）。

从过去到现在，劳务市场和住房市场中的歧视都在系统性地限制非洲裔美国人和拉丁美洲人进行迁移（Massey, Denton, 1993; Sugrue, 1996）。因此，当社区工作机会减少时，非洲裔美国人和拉丁美洲人几乎没有什么地方可以去，这导致少数族群在贫民窟进一步集中。

在人口减少的居民区，随着需求的下降，住房商品由高租金市场（富裕居民）流向低租金市场（不那么富裕的居民）。通过这个"住房过滤"过程，较差的经济条件导致住房需求下降，住房在不同经济能力业主或租客的分层结构中向下过滤（Hoyt，1933；Temkin，Rohe，1996）。最终，当市场需求减少到一定的阈值水平时，业主只能选择放弃他们的空置房屋（Keenan et al.，1999）。随着时间的推移，许多被遗弃的建筑变得破旧，并随时可能被纵火烧毁。因此，在人口减少的社区中，居住单元会被慢慢被空置住房、破旧建筑和被火灾烧毁的空地所取代。从这个演化过程看，用非空置住房单元的密度来分析社区物质空间变化具有合理性。

拉斯特（Rust，1975）对 19 世纪到 20 世纪 70 年代美国 30 个大都市区的人口和就业衰退进行了全面研究，揭示了许多地区衰退的原因和过程。他发现，这些收缩地区在经历了严重的人口流失之后，还出现了一个"向人口或经济变革展开持续抵抗的长期过程，直到增长时代所积累的人、物和机构资源被消耗殆尽"。也就是说，社区的物质环境肌理——"物"的部分，预计会在衰退期间"消耗殆尽"。

拉斯特的研究还发现，在他研究的许多案例中，一旦衰退开始，其影响"会在增长戒断后的第一代人中产生最强烈地内心震荡，并在此后持续影响长达 50 年之久"（p.187）。对于蓬勃发展的阳光地带，这样的研究结果指出了用新方式来进行规划的必要性。在面对持续的人口流失时，需要一个新的模型来思考社区变化。

2. 应对收缩的常规反应

在人口衰退情况下，地方官员通常有三种选择：利用公共资源进行再开发、精明收缩或不作为。在利用公共资源进行再开发时，这些机构努力通过操纵内生和外生经济要素来遏制人口流失，通过鼓励私人投资来创造新的就业机会，并创造房地产需求。精明收缩（精明增长的反义词）是一种主动适应人口流失的方式，不需要控制外生因素，并且关注社区生活品质的改善。最后，社区也可能"不作为"（这是最常见的选择）。

对于地方政府的决策者和规划师来说，改变人口和就业水平是很难办到的事。[1]1975 年，在完成了对美国 30 个都市区两百年内增长和衰落的研究后，拉斯特（1975）总结出："国家力量常常会掩盖引导增长与改变的地方力量"（p.169）。杜瓦（Dewar，1998）针对明尼苏达州经济发展政策有效性的详细研究，得出了同样的结论。布拉德伯里等（Bradbury，1981）通过运行一系列严谨的数学模型，分析了公共机构主导的再开发政策对克利夫兰持续人口减少和经济衰退的影响。他们同样发现，这些政策对经济衰退、住房空置和人口流失等宏观变化趋势的影响很小或几乎没有。

尽管正面对抗衰退困难重重，但政治家仍然非常热心于此。亲自主导或者借助再开发机构，地方政府希望利用公共财政、街道景观改善、私人投资资助／贷款或其他经济发展战略手段来遏制衰退。例如，公共机构主导的再开发方面，罗得岛波塔基特（Pawtucket）的地方政府通过资助"社区发展合作组织"（Community Development Corporations，CDCs）来开发经济适用房（Doyle，2001）。另一个例子，田纳西州的地方政府通过"城市住房稳定计划"（Urban Homesteading Program），以资金激励的方式鼓励人们搬到城市（Accordino，Johnson，2000）。随着利用公共财政直接投资废弃住房改造和土地再开发的终结，很多地方政府转而开始与非营利组织和私有企业进行的战略合作，以获得必要资金。

在过去的十年里，出现了一场棕地（Brownfield）再开发运动。从法律上讲，棕地是"由于可能存在的有害物质、污染物或废弃物，而很难进行再开发利用"的地块（USC，9601）。先处理环境问题是废弃或空置土地再开发的有效方法。棕地再开发运动已经获得了州、联邦政府的资金支持。联邦政府也相应修改了《联邦综合环境响应、补偿和责任法案》，扫除了一些最棘手的法律障碍。继棕地再开发计划成功之后，出现了另一种土地使用分类：灰地（Greyfield）。其本质与棕地一样，只是没有可察觉的污染物。换句话说，灰地就是废弃或未充分利用的地产（Sobel et al.，2002，New Jersey Department of Community Affairs，2003）。新泽西州成立了一个"灰地特别工作组"，工作组通过提出新的命名法，将公共政策的重点放在应对衰退上。大部分灰地再开发行动的工作重点是废弃的郊区购物中心（Sobel et al.，2002）。

在对美国 6 个试图改变经济和人口宏观变化趋势的大城市进行了研究后，佩洛夫（Perloff，1980）发现它们都没有考虑过政府干预失败的可能性。在为解决城市问题而制定长期规划时，这些城市都没有思考过这样的情景：它们打造的外生力量可能会不奏效。佩洛夫呼吁规划师利用"决策理论"（decision theory）来实现未来目标。决策理论认为，有些决策所导致的危险和风险会高于其他情景，因此，衰退的风险（及其潜在危险）应该成为社区规划工作的一部分。

佩洛夫总结了其有关行动计划的研究：

"人们普遍认为，经济增长有助于降低失业率和提高居民生活水平，但从统计数据看，这种联系往往很薄弱。在某些情况下，人口增长吸引了许多失业人员和许多贫穷家庭，导致问题持续或恶化。"

（Perloff，1980，p. 201）

对抗衰退的做法在一些地方可能是有效的，但城市研究和规划文献表明，确实也需要一种不需要增长的政策应对方案。

一方面，自由市场的拥护者认为，解决衰退问题不需要地方政府的干预。克拉克（Clark，1989）对这一观点进行了大量研究，提出政府应当"促进甚至鼓励城市的衰败，并利用可能释放出的资源，在最符合现代工业需求的地方促进新城市形态的发展"（p.129）。但是通常情况下，城市只能选择"不作为"，因为它们无法承认人口下降（出于政治原因或避免难堪）。例如，自1980年以来，宾夕法尼亚州西南部的印第安纳县持续不断地流失人口，但是，其制定规划的关注点都是增长——官员们似乎忽略了人口衰退的趋势预测。事实上，美国只有一个总体规划提到了应对人口下降（Youngstown，Ohio，2004）；其他收缩城市的规划通常都忽略了城市人口减少。

批评"不作为"政策态度的人指出，人口衰退的影响会蔓延开来——如果不作为，人口衰退的范围和程度都可能会加剧。威尔逊和马古利斯（Wilson，Margulis，1994）指出，由于周边衰落社区中废弃和犯罪的蔓延，一些20世纪80年代中经济和社会还很有活力的社区，在20世纪90年代经历了严重的衰退。如果不作为，不管是无视问题还是不愿采取行动，社区的问题都可能会恶化。

3. 处理收缩的新方法

波普尔将精明收缩定义为"为了更少的人、更少的建筑和更少的土地利用而进行规划"（p.23）。精明收缩最典型的范例是，他们提议在大平原严重收缩的部分地区建立一个"野牛公共地"（Matthews，2002）。波普尔建议将大平原保护区的大部分地区改造为"介于传统农业与纯荒原之间"的状态，提供了一种"生态和经济修复的可能"（Popper and Popper，2004，p.4）。维盖拉（Vergara，1999）建议在底特律市中心开辟"美国的雅典卫城"，保留一批废弃的摩天大楼。他认为破败的街道具有文化价值，可以建设一个公园来吸引游客。

此外，克拉克建议将衰退的区域保留为空地，这些地块可以作为绿地或"公园和休闲空间"（p.143）——这一建议最近得到了席林和洛根（Schilling，Logan，2008）的赞同。阿姆博斯特等（Armborstet，2005）建议推广"侧院空地收购"，建立利用这种类似"地块扩散"（Blotting）过程降低住房密度。他们发现，底特律的城市肌理每天都在发生变化，并不是基于任何城市规划或法规管理，而是由个体土地所有者将自己的地产向邻近空置地块拓展，形成了与郊区一样的密度格局。

俄亥俄州扬斯敦（自1950年以来已经失去了一半的人口）的社区领袖采用了这种精明的人口收缩方法，制定了新的总体规划，以解决7.4万留守人口（美国2008年人口普查）的发展问题。在这个规划中，该市接受了正在发生的人口流失，并呼吁建立一个"更小但更好的扬斯敦"，专注于改善现有居民的生活品质，而不是试图寻求城市的增长（City of Youngstown，2005；Hollander，2009）。

精明收缩的核心是认识到"无休止增长的是不可靠的神话"（Popper and Popper，2002，p.23）。费城的政策倡导者也很清楚，他们不应该把所有赌注都押在经济增长上。非营利组织"公私合资"（Public Private Ventures）发表了一份报告，呼吁"整合废弃的区域，在某些情况下需要将一些家庭重新安置，那些街区看起来像二战后的德累斯顿"（Hughes，Cook，Mack，1999，p.15）。

为了进一步解释精明收缩，下面探讨了我研究过的两种精明收缩方法：弹性区划（Relaxed Zoning）和反向土地开发模型（The Reverse Land Use Allocation Model）。

弹性区划意在解决收缩城市的基本经济问题：与需求（人口数量）相比，构筑物（住房、商店、学校）的供给过剩。黎辛斯基（Rybczynski，1995）以商场业主为示例，形象地说明了这个问题：当购物活动减少和商户搬离时，商场的业主可以选择减少租金或者去翻新商场。如果这些办法还不起作用，商场老板只有承受损失，但能维持的时间有限。总有一天，商场老板只能提高租金，不然只能破产。黎辛斯基认为，市政府在应对人口收缩时面临同样的困境。继续用商场来打比方，他说明精明收缩可以带来希望：

购物中心的老板终于厌倦了，发现这里根本就没有足够的商业空间需求，于是他只有最后一个选择：把购物中心缩小。整合经营成功的店面，关闭某些空置的部分，拆除某些无用的建筑，运营一个规模略小但仍有利可图的商场。

（Rybczynsk，1995，p. 37）

在前面的章节中，我描述了人口减少会导致什么社区变化问题。在此，我要补充一个质疑：人口减少并不一定会带来问题。正如黎辛斯基所言，一个购物中心可以收缩规模，但仍然"有利可图"。

在一个社区，住房需求下降（由于经济恶化和就业下降）将导致房租和房价下降（Hoyt，1933；Temkin，Rohe，1996）。随着价格下跌，房主出售房屋的可能性受限制（特别是当按揭贷款超过了房产价值时）。[2] 随着价格下跌，房东也不太可能通过租金收入来补偿房产维护的成本（Keenan et al.，1999）。随着房产价值缩水、维护投入减少和住房存量增加，这三者螺旋式的交互作用通常会摧毁社区的稳定，并导致房屋荒废（Bradbury et al.，1982）。

最重要的是，这一过程强化了人口减少导致住房需求下降。如前文强调的，对衰退的传统反应方式是通过公共补贴来扭转人口下降。但是，如果考虑减少住房供给会怎么样？人口下降同时减少住房供给是一种积极的战略，这意味着租金和房价应该会保持稳定。但是如何减少社区或整个城市的住房供给呢？

20 世纪初，"区划法"（目前仍是地方政府规范土地利用的主要手段）的首次提出，就是为了控制经济增长的不良影响。而如今，新的区划方法也许可以作为补救衰落的措施。当前，区划政策从法律层面限制了大多数住宅、复式住宅和公寓建筑的使用功能——居住。对于人口不断下降的收缩城市，住宅的需求也在下降。建立新的弹性区划制度是适应性地再利用或拆除多余住房的一种方法。

弹性区划的作用机制是构建一项隐藏在市政法规中区划条例，仅仅在住房空置水平低到一定水平时才会被触发。例如，如果社区维持20%以上的房屋空置率超过90天，这一条例就会生效。新的弹性区划法规将不再控制住宅、复式公寓和公寓楼的居住功能，而允许更多的新用途。新用途可以通过社区规划过程来重新确定，居民对空置的住宅和用地的用途有发言权。新的用途可能包括农场和花园（如克利夫兰）、公园和开放空间（如底特律），或者其他办公、仓储和艺术用地。

该法规也可以是临时的，允许在指定的年限内（如3-10年内）作为其他功能使用。可以再次设定某种触发条件，将分区条例恢复到原来状态，或要求弹性用途下的土地在合理的时间范围内回归为住宅用途。这种弹性的区划制度使得地方政府能够积极地、机警地应对次社区层面的增长和衰退变化。到撰写本文时为止，还没有社区实践过弹性分区方法。但从理论上讲，在经济和人口状况发生变化的城市，这种工具提高了其有效收缩或摆脱收缩的能力。

我研究的另一个精明收缩的工具是"反向土地开发模型"（Hollander and Popper，2007）。该工具是在城市规划的通用工具"土地利用分配模型"基础上改造而成。在增长规划中，土地利用分配模型使用随机回归方法来预测土地利用变化。通过对模型运算符的反向设计，该模型可以预测人口下降地区的土地利用变化。这种反向土地开发模型可以用来确定严重衰退地区边界，即确定"衰退节点"。

对于增长中的大都市区，城市规划者可以使用土地利用分配模型来预测未来可能发生增长的地区（Krueckeberg and Silvers，1974；Landis，2001）。有了这方面的信息，规划人员就可以划定增长区，实施适当的区划管理、开放空间保护、交通和基础设施配套等措施，以应对该地区将要发生的变化（Burchell et al.，1998）。

而可以预测衰退的模型在指导"社区导向"和"基于社区"规划中是非常有用的。例如，如果根据模型预测，在第七大街和第十大街之间的葡萄树大道两侧街区在未来十年中将失去50%的住房，那么当地居民就可以利用这些信息来预先物色合适的投资者，来填补空置土地和弃置房屋单元。

当然，没有人愿意生活在被预测为衰退节点的地区，尤其该模型将预测未来某个时间点这里将彻底空置。强化一个负面标签似乎与追求周全和深思熟虑的规划本意背道而驰（Forester，1999）。也许标签可以被抛弃，但是能够科学地确定衰退边界是很有用的。弗兰克和黛博拉·波普尔经历过这种情况，他们曾由于提出野牛公共地而收到了死亡威胁、仇恨邮件和嘲笑（Matthews，

2002）。了解所在的社区将发生物质空间变化，对当地居民来说是一声警钟。

确定衰退节点为城市中心的社区规划提供了重要的支持。社区组织（CBOs）一直工作在解决城市中心衰落问题和进行空间、社会规划创新的前沿（Thomas，1997；Thomas and Grigsby，2000）。科学预测衰退节点可以给 CBOs 提供客观、理性的讨论基础，让他们了解的邻里街坊未来可能会是什么样子，以此作为提出不同愿景和进行讨论的出发点。那些被遗弃的建筑和空置的土地，还有哪些可能的再利用用途？现有的空置地块还能有什么其他用途？现有的空置住房还有可能会变成什么样子？如果我们可以预期居民将放弃第七大街和第十大街之间的葡萄树大道两侧的街区住宅单元，早期的社区干预能够产生什么效果呢？我们能把整个街区变成社区花园、城市森林项目、棒球场、人工湖吗？当地居民的想象力是无限的，而规划师可以帮助他们来实现。

有了这两种工具：弹性区划和衰退节点，再加上现有的其他技术方法，规划师就可以开始在实际工作中应用精明收缩理论。他们可以思考收缩城市的未来的更多可能性，然后通过调整当地法规条例和法定规划来管理变化。精明收缩作为一种新兴领域，还需要进一步提炼技术手段和战略方法。现有研究表明，精明收缩实践正在美国乃至全球进行，其工具、方法和技术也正在世界范围扩散（Armborstct，2005；Schdhng，Logan，2008；Hollander et al.，2009）。

4. 收缩思想的起源和成熟

随着柏林墙的倒塌，民主德国农民在过去的几十年里大规模从向西德迁移，导致很多民主德国城镇空心化。2004 年，德国联邦文化委员会资助了一个以艺术为基础的收缩城市项目（Oswalt，2006）。这个项目包括一个国际创意竞赛，产生了许多关于如何实现精明收缩的新想法（通过界定问题外延和规划政策响应边界），从此开启了有关精明收缩的讨论。

"收缩城"项目随后在世界各地的几十个城市举办了巡回展览，宣传了这些创新的想法。很多人对收缩城市产生了兴趣，2005 年肯特州立大学主办的一场收缩城市主题的学术会议，2006 年由一个在加州大学伯克利分校新成立的研究小组（"全球视角下的收缩城市研究"）召集了另一场会议（Pallagst et al.，2009）。

学者和艺术家们唱着收缩的赞歌，大众媒体也开始慢慢地跟上步伐。事实上，德国项目发生后的几年里，媒体还在使用"衰退等同死亡"的话语体系。《福布斯》喜欢将任何最好 / 最坏的东西进行排名，例如最富有的 CEO 排名、最佳度假胜地排名、最差工作地点排名等。在 2008 年 8 月，该杂志非常低劣地刊登了"快速死亡城市排名"（Zumbrun，2008）。这一期杂志中特别提到了：纽约州的布法罗、俄亥俄州的坎顿、西弗吉尼亚州的查尔斯顿、俄亥俄州的克利夫兰、俄亥俄州的代顿市、密歇根州的底特律、密歇根州的弗林特、宾夕法尼亚州的斯克兰顿、马萨诸塞州的斯普林菲尔德和俄亥俄州的扬斯敦。

因此，受到这样的标签化中伤后，俄亥俄州代顿市的激进人士决定发起反击。同样用了"死亡"这个词，他们在 2009 年 8 月组织了由当地官员和激进人士参加的"福布斯 10 大快速死亡城市研讨会和艺术展"。有来自其中 8 个城市的 200 多人参加了这次活动，彰显他们城市的优点和活力、精神和激情。这些都是福布斯的统计分析中没有被计算进去的品质。代顿的城市规划师提出，需要为收缩型城市制定不同的城市规划，"我们面临的未来情景与过往经验非常不同，50 年代和 60 年代的代顿将永远不可能重现。"

在"快速死亡城市"说法之前，布鲁金斯学会（the Brookings Institution）几年前曾试图将衰落中的城市概括为"弱市场城市"。该行为吸引了一些关注，并在一定程度上重新构建了关于人口减少的学术讨论（Katz，2006）。最近，布鲁金斯发表了两份关于联邦政府应该如何处理收缩的报告（Mallach，2010），并专门针对俄亥俄州地方政府和州政府发表了政策指南（Mallach，Brachman，2010）。

联邦政府报告呼吁重新思考在收缩城市中经济适用房的概念，质疑了政府经济适用房补贴方法（通过低收入所得税抵扣计划）的政策效果，指出某些地方的市场价格已经不高了。报告作者认为这一政策造成的结果是，在那些由于人口减少而迫切需要减少住房单元数量的地区，却出现了大量由联邦政府补贴新建的经济适用房。

马利亚奇（Mallach，2010）还批评了美国住房和城市发展部（HUD）不考虑未来的人口变化趋势，要求的每年编制"整合规划"（Consolidated Plan）。马利亚奇（2010）呼吁更新 HUD 话语体系，要求社区"针对人口流失的现实来重新配置土地使用和调整经济活动目标，并制定发展策略"（p.27）。俄亥俄州报告呼应了联邦报告中的一些主题，并补充了州和地方促进都市农业（Urban Agriculture）和土地储备（Land Banking）的政策需求。

联邦储备系统（FRS）也提到过收缩的益处。克利夫兰联邦储备银行（FRB of Cleveland）2008 年发布的报告将扬斯敦规划作为优秀实践案例，并呼吁拆除空置的房屋。这一建议的初衷是为了修复经济低迷时期的房地产危机。克利夫兰联邦储备银行曾公开宣称，拆除空置房屋是打破这种危机循环、稳定社区的有效途径。拆除那些仍然可以满足社会住房需求的完好构筑物是一项非常激进的政策建议。但是，维持社区在住房市场的供需平衡是收缩城市理念的核心，这比增加经济适用房的储备更重要。如果无法通过管理（通过拆除、调整或再利用）来稳定收缩城市中的物质空间变化，克利夫兰联邦储备银行和布鲁金斯学会都认为，城市整体生活品质下降背景下，新建的经济适用房都将位于人们不愿意居住的社区。

2004 年，我来到了底特律西北部的布莱特摩尔社区，这里的物质环境被几十年的人口减少严重破坏。我的向导是一名社区发展专家。当我们开车路过街区时，他不断给我指出通过"低收入所得税抵扣"或"仁人家园项目"（Habitat for Humanity）新建的住房。其绝大多数要么被纵火破坏，要么被遗弃了。

布莱特摩尔未能在城市住房供应和需求之间建立供需平衡。市政府也没有采取积极的拆除计划，而是与经济适用房开发商密切合作，修建了更多的住房。这进一步加剧了住房市场问题，导致越来越多的废弃建筑、破损构筑物和维护不善的公共空间和基础设施。

5. 关注阳光地带

2006 年，阳光地带面临经济大萧条带来的一系列严重的经济问题。社区逐个遭受到房地产市场供需非均衡的冲击，这让美联储和布鲁金斯学会等机构深感担忧。当住房需求的急剧下降的同时出现房价下跌，就会产生大量的按揭止赎，这也意味着大量的住房的废弃和空置。这些问题一般被认为是底特律的境况，而不会在图森市出现。

按揭止赎本身并不会导致房屋废弃或空置，但研究表明，当业主（有时是租户）被驱逐后，房屋常会空置数年之久（Immergluck，2009）。银行通常不愿马上出售止赎住房，这导致房屋被破坏和变残旧，有时甚至被纵火烧毁。

阳光地带的城市还没有充分认识人口减少的问题，如何利用精明收缩也还没有被提出来研究。几十年来，阳光地带一直被看作是增长和繁荣的地方，被各种研究者深入地、全面地剖析。人口和就业从铁锈地带迁移到阳光地带被描述为"美国历史上最大的人口流动"（Bernard，Bradley，1983，p.1）。在这个著名的增长地区，当前的衰落是地方、州和联邦官员的一个棘手问题。我的研究揭示了衰退是如何影响这一地区的，以及精明收缩为什么可以给被影响的城市社区提供出路。

阳光地带是一个相对较新的概念，最初由菲利普斯在一本有关共和党在南部和西部发展壮大的书中提出。从那以后，学界和业界对阳光地带的范围展开了激烈的争论。[3] 大多数人认同以 37 纬度为界，以南的城市和州被认定为阳光地带。我在第 6 章中对范围略作修改，排除了一些没有像其他阳光地带那样出现疯狂增长的南方腹地州。

为了充分了解过去四十年中的变化，我觉得有必要回顾麦克唐纳（McDonald，2008）对阳光地带和铁锈地带城市人口普查数据的研究。他深入分析了 12 个阳光地带大都市区，并将结果与 12 个铁锈地带大都市区进行了对比。利用人口普查数据进行多元回归分析，麦克唐纳发现，中心城市人口增长主要归因于两个要素。第一要素是中心城市土地面积的扩张（即土地兼并）。显而易见，边界扩张的城市人口必然会增加。但是，这在铁锈地带城市中不可能发生。鲁斯克研究了这个问题，得出城市的发展弹性（扩张可能）决定了其增长能力。他发现，阳光地带的城市总体上还保持有强大的土地兼并能力，而铁锈地带的城市则不然。中心城市通过定期吸纳城市边界以外的新增长土地，能够获得新的税收来源。1955年《亚利桑那共和报》（凤凰城的主要报纸）的一篇社论很好地解释了这种发展境遇：

> 凤凰城面临着一个所有增长中大都市地区都有的问题。随着新住房和工业发展的开发建设，城市的边界必须不断向乡村地区蔓延。否则，外围新区域将自我整合，凤凰城就会被一组独立卫星包围。
>
> （Arizona Republic editorial，1955，p.317）

麦克唐纳指出推动中心城市人口增长的第二个因素是大都市地区的就业增长。同样，这也不算是新发现。蓬勃发展的大都市地区拥有大量就业机会，对人的定居和经商都更具有吸引力。但麦克唐纳也指出，人口和就业增长之间的"因果关系是双向的"。随着地区受到居民和第二套房买家的青睐，商家也会马上跟进（在阳光地带的大部分地区的确如此）。

现实情况是，麦克唐纳所研究的12个阳光地带都市区平均增长了21.7%，而其中心城市平均增长了9.2%。与此对比，12个铁锈地带的城市都市区平均增长了5.7%，其中心城市平均增长了2.8%。

在阳光地带，各个地区的发展经历都略有不同。但是总的来说，这个地区和铁锈地带很不一样。在大衰退期间，锈带城市经历了众多苦难和人口减少。它们衰退模式和衰退应对已被充分研究过了。我们还不知道衰退如何影响到阳光地带的城市社区？它们应该如何应对？最重要的是，新的城市收缩思维如何能帮助地方官员"通过收缩走向伟大"。[4]

6. 小结

"衰退"并不是规划师们喜爱的词。事实上，规划行业有一种"增长偏好"（Popper and Popper，2002，p20）。人口衰退的基本事实很清楚：它很大程度上来源于不受地方政府控制的力量，部分城市、郊区和农村地区未来将继续经历人口下降，努力抗衡人口衰退只有在某些情况下、在某些时期是有效的。在社区应对人口减少的三种政策选择中，精明收缩在管理人口减少地区的物质空间变化方面更加有效。

不幸的是，我们对"社区在人口减少时会发生怎样的变化？"知之甚少，所以当前规划师管理这种变化的能力有限。本书的其余部分将探讨这个问题，希望清楚地了解人口流失和土地利用之间的关系，为精明收缩创造可能。在这一章的开头，我批评了以增长为导向的经济发展战略，基于此提出了收缩城市理念。对某些地方来说，经济发展战略是能够发挥作用的。然而，另一些地方应该考虑精明收缩，接下来的章节将为它们提供理论和经验基础。

第 3 章　收缩的铁锈地带：一种衰退的模式

有关城市人口减少的原因和应对存在很多不同的观点，但有关人口减少对社区的影响却几乎没有什么讨论，即便人们普遍认为这是一件坏事。但现在，收缩城市意识的提出，出现了另一种思路，人口减少对社区来说未必是件坏事。

我的论述从思考因果关系开始：就业减少和（或）人口郊区化是否是社区社会功能丧失的原因？还是只造成社区住房需求下降，导致房地产价格和租金价格下降？

经济学研究中已经有大量证据，证明这两种情况都发生过。外生因素（如就业机会减少和郊区舒适住房增多）减少了城市社区的住房需求，进而导致社区居民数量减少（因为租金和房价更低，通常会聚集较贫困的居民）。由于居民变得更少、更贫穷，社区犯罪率可能会提高，公共健康状况可能会变糟。这部分原因是与缺乏就业和教育机会有关。正如之前讨论过的，受经济衰退或郊区化影响的社区，其命运是复杂且难以预测的。本章节的目的是理解各种因子对社区生活品质的影响。在本书的后续章节中，我将探讨外生力量如何直接影响社区生活品质。

规划师很容易陷入原地徘徊，哀叹外生力量对社区人口衰退困境的影响。我经常听到规划师和其他地方官员这样感慨"要是我们能有经济发展就好了"。大量统计证据表明，人口减少与一系列社会和健康疾病指标之间存在很强的相关性（Berg，1982；Bradbury et al.，1982；Lucy，Phillips，2000）。但是，也有些社区的生活品质并没有随着人口衰退而明显下降。人口衰退的社区是否有可能有效地"管理"负面影响？很遗憾，到目前为止还没有人知道答案。至今还没有人针对这个问题进行过系统的研究。本章记述了我与几名研究助理共同完成的研究，我们对数百个人口减少的社区进行了考察。本书重点关注的阳光地带近期发生的人口衰退，也关注遍布东北和中西部铁锈地带的后工业、前制造业城市（镇），它们已经经历了几十年的人口下降（White et al.，1964，Sluestone，Harrison，1982；Hollander，2009）。

本章分析铁锈地带是为了建立适用于阳光地带的理论框架。铁锈地带带来的启示是复杂的，一些城市（镇）人口大量减少，但另外一些城镇却蓬勃发展。阳光地带的未来预计也将是复杂和多样的。本章为理解城市持续的人口流失提供基础，分析这些城市将发生怎样的物质环境变化，以及应当如何有效地管理这些变化。

如果我们知道社区在人口减少的情况下物质空间会发生哪些变化，那么我们能否为这些变化做好规划准备呢？我们能否设计一种物质空间规划，通过"合理精简"（Right-sizing）社区规模，使其物质空间与收缩后的人口相匹配，从而减少废弃建筑和空置土地？如果可以的话，那么我们希望这样的物质空间变化能克服人口减少对生活品质造成的不利影响。

在过去几十年中，美国中西部和东北部的一些地区经历了全国最严重的人口减少和就业衰退。由于 20 世纪中叶的工业衰退，这些地区在 21 世纪饱受各种废弃问题影响我研究了 1950 年以来人口流失最严重的 10 个中西部和东北部城市，然后重点调查了其中自 1970 年以来人口流失超过 30% 的社区。

这项研究假设城市街区一开始有稳定的人口、相对较高的房屋密度以及高品质的生活。随后，失业和迁移等外生力量导致了人口下降，并且传统规划（再开发规划或不作应对）的结果往往是住房密度下降和生活品质下降（由于罪犯增加、纵火风险增加，以及第 2 章概述的其他负面社区影响）。而如果利用精明收缩对策进行干预，可以使得低密度社区保持高品质的生活（更少的人）。本章通过记录人口减少社区的物质空间变化来说明这个过程。第 5 章将这些研究数据与第 4 章中调查研究发现结合起来，建立了一个模型，用其来说明在这些人口减少的地区中，精明收缩是如何运作的。

1. 数据收集和研究方法设计

有很多数据源可以用来研究增长地区的土地利用变化：遥感摄影、地理信息系统（GIS）或建筑许可，而衰退地区土地利用变化还是一个未知领域。用新建构筑物和已开发土地来计算新增长很容易，而有效度量衰退带来的荒置却非常困难。里兹纳和瓦格纳（Ryznar，Wagner，2001）试图利用 GIS 和遥感技术研究城市衰落，但只能计算森林和农业用地的净变化，并进而推断出住房和商业用地的变化。

棕地研究者已经开发出一系列用于计算商业和工业地产废弃程度的工具，但大多数工具都只应用于考察单个地点或一组地点案例研究（请参阅 Leigh 和 Coffin 2005 年的研究）。另一方面，住房研究者已经开发出更严格的方法来计算住房遗弃（Wilson，Margulis，1994；Hither et al.，2003）。这里使用的方法试图结合棕地研究和住房学者的工作，更好地理解人口减少的城市社区中独特的土地利用变化。

由于人口减少对住宅小区的影响最大，因此本研究聚焦于住宅用地。住房研究者分析城市社区住房密度的变化模式，将其作为从单户住宅到多户住宅*的土地使用变化的指标。例如，1990 年 50 单元 / 英亩的住宅社区与其十年之后 40 单元 / 英亩的时候，有非常不同的物质空间形态。[1]

---

* ［译者注］单户住宅：指一栋住宅供一户使用，独门独户的别墅建筑；多户住宅：指一栋住宅被分割为多套单元，供多户使用的集合居住建筑。

美国东北部和中西部最衰落的 25 个城市排名（1950—2000 年）　表 3.1

城市	1950 年	2000 年	变化量	区域	变化率	排名
圣路易斯	856796	348189	−508607	MW	−59%	1
扬斯敦	168330	82026	−86304	MW	−51%	2
匹兹堡	676806	334563	−342243	NE	−51%	3
布法罗	580132	292648	−287484	NE	−50%	4
底特律	1849586	951270	−898316	MW	−49%	5
克利夫兰	914808	478403	−436405	MW	−48%	6
斯克兰顿	125536	76415	−49121	NE	−39%	7
纽瓦克	438776	273456	−165320	NE	−38%	8
卡姆登	124555	79904	−44651	NE	−36%	9
辛辛那提	503998	331285	−172713	MW	−34%	10
罗切斯特	332488	219773	−112715	NE	−34%	11
特伦顿	128009	85403	−42606	NE	−33%	12
锡拉丘兹	220583	147306	−73277	NE	−33%	13
代顿	243872	166179	−77693	MW	−32%	14
哈特福德	177397	121578	−55819	NE	−31%	15
坎顿	116921	80806	−36115	MW	−31%	16
普罗维登斯	248674	173618	−75056	NE	−30%	17
奥尔巴尼	134995	95658	−39337	NE	−29%	18
费城	2071605	1517550	−554055	NE	−27%	19
明尼阿波利斯市	521718	382618	−139100	MW	−27%	20
波士顿	801444	589141	−212303	NE	−26%	21
雷丁	109320	81207	−28113	NE	−26%	22
纽黑文	164443	123626	−40817	NE	−25%	23
弗林特	163143	124943	−38200	MW	−23%	24
加里	133911	102746	−31165	MW	−23%	25

　　从中西部和东北部城市的人口普查数据看，自 1950 年以来，25 个城市的人口流失是最大的（表 3.1）。基于这个列表，我使用 Geolytics 软件下载了这 10 个城市的所有人口普查区的人口数据。[2] 以人口普查区作为分析单元，

是因为 Geolytics 软件有一个特殊的功能，可以将所有在四个时段数据都归入到 2000 区间，进行时间序列分析。我的分析聚焦在那些 1970—2000 年间人口流失超过 30% 人口普查区（n=914）。[3] 将 30% 作为门槛阈值，是假设在 30 年里，人口流失小于 30% 的社区不会导致足够大的物质空间变化，无法有效地研究人口减少和土地利用之间的相关性。为了与人口减少地区的进行对比，我还分析了这城市中人口增长超过 10% 的人口普查区（n=224），作为参照组。

对这些衰落和增长的人口普查区的分析中，我首先用人口流失变量与居住土地利用变化变量进行了相关分析。我以“10 年内非空置住房单元密度变化”来认识社区中住宅结构的物质空间形式变化。

在第一次回归分析中，使用的因变量是“1970—1980 年非空置住房单元密度变化”。为了理解房屋密度的变化的原因，我选取了几个文献中提出的可能影响住房空置的自变量，其中最关键的是 1970—1980 年的人口变化。霍顿和汉森（Cholden, Hanson, 1981）的研究中使用一组类似的解释变量来预测次社区尺度下的人口减少如何影响邻里变化。其他自变量包括收入水平、居民年龄、种族特征和贫困水平（第一次回归用的是 1980 年数据）。通过使用这些控制变量，我分离出人口变化对住房空置产生的独立影响。由于每个城市的人口减少都是不同的（波士顿的社区形式和特性就与哥伦布的就很不一样），我还选取了一些变量来控制这些差异。通过使用这些控制变量，我分离出人口变化对住房空置产生的独立影响。然后，再对另外两个时段（1980—1990、1990—2000 年）进行回归分析，然后再次使用稳健回归分析（Robust Regressions），以限制异常值对结果的影响。[4]

2. 数据分析的结果

表 3.2 列出了收缩的人口普查区的描述性统计结果。研究的第一步是对两个关键变量进行相关分析：住房单元密度变化百分比和人口变化。如表 3.3 所示，这两个变量在收缩的人口普查分区具有高度相关性。所有的三个研究时段，衰退普查区的人口变化和住宅单元密度具有高度相关性。我在增长普查区进行了类似的相关分析，变量在第一时段（1970—1980）和第二时段（1980—1990）具有高度相关性，在第三时段（1990—2000）相关性稍弱。[5] 事实上，随着时间的推移，增长普查区的人口变化与住房密度变化之间的相关性在不断减弱。

对此的可能解释是，增长的普查区中的家庭规模自 20 世纪 70 年代以来就不断变小，这一趋势已经得到了很多研究的证实（Kobrin, 1976; Bradbury et al., 1982）。这种现象意味着随着社区人口的增长，相对于 20 世纪 70 和 80 年代，每个新居民带来的新建住房数量在 20 世纪 90 年代增长很快。

研究人口普查区收缩情况的描述性统计 表 3.2

	1970		1980		1990		2000	
	均值	标准差	均值	标准差	均值	标准差	均值	标准差
人口数	4874	2502	3457	1858	2889	1623	2443	1418
住房单元总数	1685	919	1417	759	1255	701	1134	666
非空置住房单元数	1667	906	1331	702	1168	650	1035	610
每英亩使用住房单元（密度）	9.09	7.05	7.27	6.04	6.29	5.35	5.54	4.92
黑人人口数量	2526	2731	2046	2024	1755	1666	1538	1388
黑人人口百分比	47%	0.39	68%	3.21	58%	0.39	61%	0.37
65 岁及以上人口数	507	315	418	276	393	279	326	243
65 岁及以上人口占比	11%	0.05	15%	0.51	14%	0.07	13%	0.08
海外出生的人口数	220	240	133	163	94	137	105	163
海外出生的人口占比	5%	0.05	5%	0.13	3%	0.05	4%	0.07
16 岁及以上的失业人口数	132	91	190	133	190	133	138	108
16 岁及以上的失业人口占比	7%	0.03	19%	0.61	190	0.11	15%	0.1
领取公共援助收入的家庭数量	160	148	271	200	271	200	215	164
领取公共援助收入的家庭数量占比	14%	0.11	28%	0.85	26%	0.15	24%	0.14

N=858

注：平均用地面积（英亩）=310.7，标准差 =480.8

收缩人口普查区的非空置住房密度与人口变化的相关分析 表 3.3

		1970—1980 年非空置住房单元密度的百分比变化	1980—1990 年非空置住房单元密度的百分比变化	1990—2000 年非空置住房单元密度的百分比变化
1970—1980 年人口变化率	皮尔森相关 显著性 （双尾）N	0.65 0.00 854.00	0.00 1.00 855.00	−0.05 0.14 851.00
1980—1990 年人口变化率	皮尔森相关 显著性 （双尾）N	−0.02 0.63 852.00	0.08 0.02 855.00	−0.01 0.89 850.00
1990—2000 年人口变化率	皮尔森相关 显著性 （双尾）N	−0.04 0.23 851.00	0.00 1.00 853.00	0.43 0.00 850.00

　　由于其他混杂变量可能会加入人口变化对非空置住房单元密度的影响，我进行了普通最小二乘回归（表 3.4），分别对 1970—1980 年、1980—1990 年和 1990—2000 年时段进行了回归分析。首先，我将分析研究最感兴趣的数据结果——经历人口下降的人口普查区。

　　模型对非空置住房单元变化的解释能力可以通过拟合度模型来进行检验。在这里使用了 R 方作为模型拟合度检验——值从 0 到 1，1 代表模型完美地解释了因变量。1970—1980 年的模型 R 方非常高（0.831），拟合度在随后的两个十年中逐渐下降，1980—1990 年为 0.726（仍然相当好），1990—2000 年为 0.641（尚可通过检验）。虽然 R 方拟合度越高越好，但此次拟合性检验结果足够支持本研究结论。

　　对衰退人口普查区进行的回归分析表明，人口变化（人口流失）是解释非空置住房密度变化的有效指标，在控制了其他相关变量之后，相关分析在统计学意义上是显著的。当使用稳健回归分析来进行最小二乘法加权回归时，也可以得出同样的结论。这些分析结果显示，在控制其他变量不变的情况下，人口流失与非空置住房单元密度在这三个研究时间段中存在相关性，其相关关系在统计学意义上是显著的。[6]

　　所有三个时段的回归分析中，人口流失对非空置住房单元密度的影响方向始终是正相关。也就是说，正如预期的一样，人口的减少意味着非空置住房单元密度的下降。这种影响的作用程度会随时间而变化。

收缩和增长人口普查区的回归结果　　　　表 3.4

	收缩人口普查区			增长人口普查区		
	普通最小二乘法			普通最小二乘法		
	R 方	0.837		R 方	0.792	
	b	标准误差	显著性	b	标准误差	显著性
截距	80.571	80.032		35.509	113.725	
1970—1980 年的净变化						
人口	0.174	0.011	***	0.36	0.029	***
领取公共援助的家庭数	−0.243	0.075	***	0.06	0.208	
65 岁以上的老年人口数	0.749	0.05	***	0.435	0.074	***
高中毕业生数量	0.396	0.057	***	−0.007	0.098	
海外出生人口数	0.215	0.055	***	−0.175	0.072	
失业人口数	0.361	0.104	***	0.63	0.279	**
非洲裔美国人数量	0.052	0.075	***	−0.091	0.032	***
贫困人口数	0.138	0.025	***	0.069	0.079	

因变量 = 1970—1980 年非空置住房单元变化量

	收缩人口普查区			增长人口普查区		
	普通最小二乘法			普通最小二乘法		
	R方	0.735		R方	0.583	
	b	标准误差	显著性	b	标准误差	显著性
截距	50.138	55.9		48.8	122.145	
1980—1990年的净变化						
人口	0.088	0.12	***	0.318	0.039	***
领取公共援助的家庭数	0.32	0.072	***	0.085	0.259	
65岁以上的老年人口数	0.623	0.039	***	0.362	0.093	***
高中毕业生数量	0.164	0.04	***	−0.108	0.1	
海外出生人口数	0.308	0.051	***	−0.111	0.059	*
失业人口数	0.159	0.073	**	0.011	0.279	
非洲裔美国人数量	0.117	0.012	***	−0.111	0.04	***
贫困人口数	−0.009	0.021		0.162	0.073	**

因变量 = 1980—1990年非空置住房单元变化量

	收缩人口普查区			增长人口普查区		
	普通最小二乘法			普通最小二乘法		
	R方	0.642		R方	0.405	
	b	标准误差	显著性	b	标准误差	显著性
截距	32.011	43.658		−33.503	113.558	
1990—2000年的净变化						
人口	0.165	0.013	***	0.118	0.028	***
领取公共援助的家庭数	0.338	0.055	***	0.211	0.14	
65岁以上的老年人口数	0.364	0.039	***	0.225	0.088	**
高中毕业生数量	0.076	0.036	**	0.176	0.086	
海外出生人口数	0.051	0.044		−0.097	0.039	
失业人口数	−0.048	0.045		−0.202	0.066	***
非洲裔美国人数量	−0.005	0.012		0.012	0.029	
贫困人口数	0.073	0.017	***	0.134	0.055	

因变量 =1990—2000年非空置住房单元变化量

注：这里没有给出城市虚拟变量的回归结果。除了少数例外，其他在统计学上并不显著。例外：1970—1980年的波士顿，1980—1990年的特伦顿、底特律和普罗维登斯，1990—2000年的圣路易斯和加里，这些地区在90%的置信水平上都显著。

*=0.05 显著度

**=0.05 显著度

***=0.01 显著度

　　在 1970—1980 年的回归模型中，人口普查区在其他变量不变的情况下每减少 1 人，非空置住房单元的平均减少 0.174 个。换句话说，在 100 个住房单元的社区，人口减少 100 人将使非空置住房单元的数目减少 17.4 个（剩下 82 个）。1980—1990 年的回归模型中对应数值较低，即每减少 1 人，非空置的住房单元平均减少 0.088 个。1990—2000 年的回归模型更接近于 1970—1980 年的结果，数值为 0.165 个。

　　这结果可以用相应的土地利用概念来重新表述，即每英亩的非空置住房单元。在 10 单元 / 英亩的社区（例如 20 英亩且有 200 个非空置住房单元的社区），减少 17.4 个单元（基于 1970—1980 年的回归模型）相当于密度下降至 9.13 个单元 / 英亩。一个社区从 10 个单元 / 英亩减少到 9.3 单元 / 英亩，意味着密度下降了 9%。如表 3.5 所示，密度下降的预测值取决于原有密度水平。当有 100 人离开 2 单元住房 / 英亩的低密度社区时，将会和高密度社区一样，预计会失去 17.4 个非空置的住宅单元。不同的只是非空置住房密度的变化，即 100 人离开高密度社区（每 20 单元 / 英亩），其密度将下降 4%。相对于 2 单元 / 英亩的社区（减少 17.4 个单元，密度下降了 44%），这是一个不太明显的变化。从城市规划出发（特别是对于制定精明收缩策略），理解这种差异是制定规划政策的基础。

纽约州布法罗市非空置住房单元的变动预测值　　　　表 3.5

			布法罗				
住房单元数	英亩数	密度（单元 / 英亩）	人口变化量	非空置住房单元变化量	预测住房单元数	预测密度	预测密度变化率
300	100	3.0	−100	−26	274	2.74	−8.52%
250	100	2.5	−100	−26	224	2.24	−10.22%
200	100	2.0	−100	−26	174	1.74	−12.77%
150	100	1.5	−100	−26	124	1.24	−17.03%
100	100	1.0	−100	−26	74	0.74	−25.55%

注：这些预测值基于在所有变量保持均值情况下，将人口变化设置为 −100。

　　掌握非空置住房单元密度的预期变化在城市规划过程中是非常重要的，特别是规划将社区进行“生态区”（Ecozone）调整的时候（第 5 章将进一步阐释）——例如从 12 单元 / 英亩变成 10 单元 / 英亩。回归模型和密度变化表（表 3.5 和附录 A）给我提供了制定精明收缩策略的路线图。

　　对增长人口普查区进行同样的回归分析时，我得到了相似的结果。在每个时段内，人口变化（即人口增长）与非空置住房单元密度均为正相关，且在统计学意义上是显著的。在 1970—1980 年的回归模型中，其他变量不变的情况下，人口普查区每增加 1 人，非空置住房单元平均增加 0.36 个。1980—1990 年回归模型结果也相近（0.32 个单元），但 1990—2000 年回归模型结果较低（0.12 个单元）。这十年中新增住房数量相对于人口调查区新增人口数量而言较低，这可能与 20 世纪 90 年代政治和经济状况的变化有关。这也验证了人口减少普查区的分析结果，在人口减少的地区这种关系也是正相关的。

3. 这些分析结果意味着什么？

可以用一个例子来解释这些结果的作用。假设有一个 250 套两户住宅组成的 1000 人社区，其占地 50 英亩（每英亩 10 套住房密度），时间设定在 2000 年。人口学家预测，该地区在未来十年中将流失 15% 的人口。基于我们的研究结果，认同精明收缩的规划师可以预测，每流失 150 人将导致 12-17 个非空置居住单元的减少，每英亩的非空置住房密度将下降 3.0-9.6 个单元。有了这些信息，规划人员就可以与业主、城市建筑检查员和社区团体密切合作，积极地将这 12-17 套住房单元中的一部分转为非住宅用途，以适应社区人口减少带来的住房需求下降。这项研究结果可以为不同建筑类型和密度水平的社区，提供支持精明收缩实践的决策信息。

附录 A 列出了我研究过的所有铁锈地带城市，展示了过去的几个十年中（1970—1980、1980—1990 和 1990—2000 年），其社区每流失 100 人同时非空置住房单元数量是如何减少的（控制所有其他变量保持均值不变）。例如，在布法罗（纽约）从 1970—1980 年间，如果将平均贫困水平、受教育程度、海外出生人口、失业率、种族、领取公共援助者数量和 65 岁以上人口比率等变量控制在平均水平，社区每减少 100 人会失去 26 套住房。如果基于非空置住房单元密度，附录 A 说明了，如果初始住房密度不同，人口流失对住房单元的减少影响也会不同。低密度社区（如表 3.5 中最后一行）中减少 26 个住房单元是大问题。1 单元 / 英亩的社区中，人口减少 100 人意味着住房密度下降至 0.74，比十年前减少了 25%。对于密度较高的社区，同样的人口流失（表 3.5 中最上面一行）也意味着减少 26 个住房单元，但仅会导致非空置住房单元密度下降 8.5%。如附录 A 所示，各城市之间因 100 人流失而失去的住房单元数量存在差异，这反映出在人口减少导致的住房单元密度变化存在城市间的差异。

分析还存在许多局限性。首先，只分析了人口大量下降或增长的社区，其他同类社区的情况只能通过研究结果推测。其次，通过人口调查数据无法知道哪些其他土地用途取代了被遗弃的住房单元。我们的假设取代这些住房单元是弃置的住房单元或荒废的空地，这在下一章密歇根州弗林特的介绍中得到了验证。

　　传统的城市规划实践都是针对增长和新增房地产开发问题而进行的思考。作为一种全新的策略思路，应对收缩的规划才刚刚出现。因此，社区缺乏足够的技术和资源来有效地、正面地应对收缩。研究应对收缩的物质空间规划和设计策略，需要对现有的城市衰退进行详细的经验分析。本章量化了城市衰落现象，为发展适合收缩城市独特情况的城市规划和城市设计工具奠定了基础。在此之前，有必要重新回到研究城市社区人口收缩原因的核心挑战：理解外生与内生物质空间条件力量（基于社区的）的相互作用影响。为了达到这一目的，下一章详细描述了密歇根州弗林特市三个人口减少的社区案例，一方面为了深入揭示这些因果联系，另一方面也是对本章所提出的研究结果的验证。

第 4 章　从衰退城市的经验中学习

人口流失 40 年后的密歇根州弗林特市

在美国，很少有地方像密歇根州的弗林特这样被人诟病。作为现代汽车发源地和 30 年前世界最大汽车制造商所在城市，弗林特的衰落是如此剧烈。事实上，随着弗林特市就业率的下降，人口和住房存量也在减少。但这并不一定全是坏消息。因为，密歇根州弗林特的城市收缩可以为当前正处于"长期人口减少"早期阶段的"阳光地带"提供宝贵经验。

弗林特始建于 1818 年，毗邻弗林特河，位于底特律西北部 60 英里。在 1908 年通用汽车公司成立之前，城市依赖于木材产业发展。但此后的仅仅 30 年，这个城市就变成了世界级的汽车工业中心（May, 1965; Edsforth, 1982; Matthews, 1997）。20 世纪 70 年代，随着通用汽车和美国汽车工业开始进行裁员，弗林特的命运也随之改变。失业和税收的减少导致城市公共服务衰退，例如消防和警察机构开始裁员（Matthews, 1997）。从 80 年代和 90 年代开始，市政府以数亿美元的减税政策和复兴投资来鼓励新产业发展，促进城市中心商业区建设，并将城市作为旅游目的地进行营销（Matthews, 1997）。与此同时，美国联邦政府和密歇根州政府以资助和贷款的方式投资数千万资金，当地的慈善家也投入巨资，共同努力重建城市中心（Gilman, 1997）。吉尔曼（Gilman, 1997）对弗林特在 1970—1992 年间所实施的 14 个重建项目进行了调查，这些项目共耗资 5.685 亿美元。他发现除了其中一个之外，其余所有举措均旨在促进更大的经济增长。

虽然这些项目的确给城市及居民带来了一些好处，但大多数证据表明，这些努力在很大程度上并未能扭转城市的持续经济衰退（Matthew, 1997; Gilman, 1997）。弗林特的就业总人数从 1970 年的 69995 下降到 2006 年的 40213（美国 2008 年人口普查数据）。而在过去的半个世纪里，弗林特的人口下降了近三分之一，从 1950 年的 163143 下降到 112524（美国 2008 年人口普查数据）。由于 1960、1980 年人口普查对种族和民族的定义标准有所不同，很难明确分析这一阶段城市种族构成的变化。而在标准一致的 1980—2006 年间，非西班牙语系非洲裔美国人在弗林特的比例从 41.1% 上升到 56.3%。1970—2000 年间的城市变化见表 4.1。

全市人口和住房数据，弗林特，1970—2000　　　　表 4.1

	1970	1980	1990	2000
总人口	193854	160114	141089	124954
白人比例	71.7%	56.2%	49.8%	42.7%
非洲裔美国人比例	28.0%	41.3%	47.7%	54.7%

续表

	1970	1980	1990	2000
拉丁美洲人比例	17%	2.4%	2.7%	3.0%
海外出生人口总数	3.7%	2.7%	1.6%	15%
18 岁以下比例	37.4%	31.7%	30.6%	30.6%
64 岁以上比例	8.8%	10.0%	10.6%	10.5%
总户数	61082	57883	54118	48823
住宅单元总数	64362	61094	58912	55468
非空置住房单元总数	61082	57794	54089	48748
非空置住房单元比重	94.9%	94.6%	91.8%	87.9%
平均家庭年收入	$10283	$19310	$26043	$40343

资料来源：美国人口普查局，人口普查 1970—2000 年总结材料 1，Geolytics，邻里变化数据库。

研究弗林特市的方法

如上一章一样，我使用"每英亩非空置住房单元数量"指标来理解和度量弗林特过去 30 年中人口和就业衰退影响下的物质空间变化。弗林特 1970、1980、1990 和 2000 年人口数据来源于 Geolytics 软件。Geolytics 软件可以将四个时段内的所有数据归化到 2000 年的普查区边界，并且支持时间序列分析，因此选择人口普查区作为分析的基本单元。

分析使用的关键变量是人口普查数据中的人口流失数量和非空置住房单元密度（反映居住土地利用变化）。此处，我选择使用"非空置住房单元密度"来理解社区中居住结构的物质空间变化，也是为了继承上一章进行的分析。

基于人口普查数据和在弗林特的前期调研，我选择了 3 个社区作为研究对象。在研究助理的帮助下，我们利用网络数据库资料（Thomson Gale Expanded Academic ASAP and Academic OneFile；LexisNexis；ISI Web of Knowledge；ProQuest；Social Sciences CitationIndex；Journal of Planning Literature；and，CSA Illumina）对每个社区进行了初步调查。并在谷歌上搜索了与研究社区相关的规划报告或新闻项目（出版时间为 1980 年至今）。然后，我们与当地学者讨论拟定了访谈名单。

从 2008 年 4 月到 8 月，我们对三个社区中的以下类别人群分别进行了至少两次半结构化的面对面或电话采访：（1）老居民；（2）在社区从事开发、再更新或规划项目的专业人员。此外，我们还对在社区以外专门从事社区发展、再开发或城市规划的个人或群体进行了三次访谈。最后，在 2008 年 6 月，我实地考察了三个街区，观察并记录了我对每个街区土地利用现状和土地利用历史迹象的感知。

弗林特衰落的结果

随着人口减少，弗林特发生着巨变。在某些地方，迅速离去的人们使曾经紧密、拥挤的社区呈现出了乡村田园牧歌风光。而在另一些地方，那些曾经供人居住的废弃房屋则成为商业投资的噩梦和罪犯的庇护所。在每个社区都有一定（通常很大）比例的居民无处可去。总体而言，极度贫困的人们挤在一起，困厄于经济与种族的双重夹缝之中。在弗林特某些地区，贫民窟不仅是经济上的，同时也是种族上的。引发20世纪八九十年代城市危机的就业和住房歧视，直到今天还在困扰着弗林特大部分地区。

撇开社会经济和种族因素，弗林特的景观也发生了巨大变化。以下介绍弗林特三个街区在过去30年里，由于人口大量减少带来的居住土地利用变化。

大特拉弗斯：开放空间与集体住宅

从1970年到2000年，大特拉弗斯（Grand Traverse）的非空置住房单元密度和人口水平经历了剧烈下降。根据人口普查和州县的估计，人口水平和非空置住房单元密度从那时候开始呈现持续下降的趋势（Genese County，2007；U. S. Census，2008）。1970年，大特拉弗斯和马车镇所在的人口普查区（共614英亩）内共有5100人和2446个非空置住房单元，每英亩有3.6个非空置住房单元（表4.2）。而到2000年，非空置住房单元密度快速下降到仅1.4单元/英亩，人口总数降至2562人。

人口和住房数据，马车镇和大特拉弗斯，弗林特，1970—2000　　　表4.2

变量	1970	1980	1990	2000	%△'70–'80	%△'80–'90	%△'90–'00
人口	5100	3536	3203	2562	−30.7	−9.4	−20.0
户口总数	2200	16.0	1197	889	−27.2	−25.2	−25.7
% 非洲裔美国人	11.4	18.4	41.5	49.0	61.4	125.3	18.2
%65 岁以上	17.1	16.7	8.6	3.4	−2.4	−48.7	−60.8
% 贫困人口	22.4	31.8	48.8	45.0	42.0	53.5	−7.8
住宅单元总数	2446	1770	1536	1264	−27.6	−13.2	−17.7
非空置住房单元总数	2199	1550	1235	849	−29.5	−20.3	−31.3
非空置住房单元 /英亩	3.6	2.5	2.0	1.4	−29.5	−20.3	−31.3

来源：美国人口普查局

在大特拉弗斯，我通过访谈和直接观察验证了人口普查数据分析所得出的土地利用变化结论。整个街区的数百个住宅单元经历了住宅研究者所说的"过滤过程"，*但又与传统理解有所不同。1960 年代以来，随着大特拉弗斯白人的迁移和就业的减少，住房的需求量下降了，单户家庭住房（历史上的绝大多数住房形式）被拆分为多户住宅，然后出租出去。事实上，这种现象有可能会增加街区的非置住房单元密度，但是多户住宅的使用时间往往很短。而从对老住户的采访得知，许多多户住宅的业主疏于打理，导致意外火灾事故（甚至人为纵火）频繁发生（图 4.1）。因此，邻里组织和基金会、城市管理机构密切合作，拆除了许多（或是全部）因火灾而受损的建筑物，这导致非置住房单元密度进一步下降，并使得城市里浮现出更加开放、田园的景观（图 4.2）。一位长期活跃在社区组织的居民曾因此赞美这种新感觉："这扩大了他们的土地产权面积，并给他们的房屋添加了一块很好的大绿地……可以当作花园或大院子。"

阿姆博斯特等（2005）在其底特律研究中将这种现象称之为"地块扩散"。底特律的城市肌理每天都在发生变化，但这不是因为城市规划或规章制度的影

图 4.1　大特拉弗斯邻里因意外火灾而部分受损的住宅

---

*　[译者注] 住房过滤模型：指经济学对住房折旧和流转建立的理论解释模型，它认为随着新住房建成和旧住房老化，不同新旧程度的住房在市场价格选择的作用下，逐渐由高收入—中等收入—低收入向下传递，直至废弃的过程。

图 4.2　大特拉弗斯邻里的田园牧歌风光

响，而是因为个体土地所有者不断拓展产权，使得城市密度越来越像我们熟悉的城市郊区。例如在大特拉弗斯，有一些地块面积超过了 2 英亩，使得其邻里感觉不像是城郊，而更像是乡村。更重要的是，这些管理闲置土地和废弃建筑的积极行动，有利于在社区形成抵制犯罪的安全氛围。一位长住居民说道：

"我认为最重要的社会变化是犯罪率下降了很多很多。过去，夜晚出门是很可怕的事情。现在情况已经不一样了。街道上现在有更多积极而警惕的居民，有更多双眼睛注视着一切。这是一种切实的改善，我将其归功于将破败住房拆除。现在，犯罪分子没有什么地方可以藏身了。"

在这个时期，还有两个因素也在影响着大特拉弗斯的土地利用变化：将住房改造成办公室和将住房改造成集体住宅。大特拉弗斯位于市、县法院以及联邦法院步行距离范围之内，从 20 世纪六七十年代开始，毗邻法院的数十户家庭住房就开始将其住房改造成当地律师的办公场所。

而与此同时，在地方和区域性社会服务机构的策划下，数十个自住或出租住房被改造成智障成年人的集体住宅，分布在大特拉弗斯很多区域。虽然这种新用途会对社区产生一些影响，但它们对大特拉弗斯地区非空置住房单元密度的下降趋势影响并不大。总体而言，表 4.2 的量化分析结果准确反映了大特拉弗斯物质环境的巨大转变——住房数量剧烈减少和大量开放空间出现。

马车镇：历史保护难题

马车镇（Carriage Town）位于城市的历史街区。这种独特的区位带来了一些益处，但也导致在拆除废弃建筑物上存在限制。因此，与大特拉弗斯相比，马车镇有大量废弃的历史建筑。通过观察和访谈，从表 4.2 中的量化证据中也可以看出，马车镇的非空置住房单元密度在过去几十年里急剧下降。在大特拉弗斯，这种变化导致房屋拆除并带来更多开放空间，而在马车镇，由于限制拆除历史建筑，大部分废弃构筑物（甚至部分烧毁的建筑）都还保留在原处。

如大特拉弗斯一样，单户住宅在也曾经是马车镇的主要住宅形式。同样，也有许多住宅被改造成多户住宅并进行出租。最后，由于业主的疏忽，也常有些多户住宅被火吞噬。如大特拉弗斯一样，马车镇社区也有大量集体住宅需求。尽管限制拆毁历史建筑，马车镇仍然出现了人口和住房单元下降的趋势。一位老住户说："现在我们社区的房子数量是 30 年前的一半。"由于居住需求急剧下降，新老住户都认为大特拉弗斯在过去三四十年中住房供给已经减少了一半。

马车镇没有大特拉弗斯那种乡村的感觉，取而代之的是以绿地形式蔓延的空置土地：有些像是城市郊区的独特邻里形态（图 4.3）。和大特拉弗斯一样，房主会购买房屋拆除后的邻近土地，以增加额外的院落空间和房间，或者用来停车。"地块扩散"也是这里主要的物质空间变化模式。而通过重新利用废弃土地，社区控制住了缺乏照料的空间，没有留下供犯罪分子躲藏的破旧建筑。因此，接受采访的大特拉弗斯居民都不认为犯罪在这里是个严重问题。一位居民向我们讲述了他邀请郊区朋友共进晚餐的经历：

图 4.3　马车镇邻里有着与众不同的郊区品质

他们简直不敢相信我的房子有多美。他们总是说："我们感觉不像是在弗林特。"听到这些话，我一方面感觉很好，但另一方面，"你觉得不像弗林特，那么为什么像弗林特就是件坏事呢？"

这些来自郊区的朋友已经习惯"弗林特是一个危险地方"的观念，但事实上，尽管大特拉弗斯这样的社区的确经历了人口减少，也出现了住房单元大量减少的现象，却仍然是一个很有吸引力的居住地。

马克斯·布兰登公园：缺乏社区，缺乏承诺

最后这个案例社区与大特拉弗斯和马车镇在很多方面存在差异。首先，它位于市中心步行距离以外。其次，其种族组成不同（表4.3）。最后，这里缺乏重要的社区组织，甚至连住在这里业主数量都不多。1970—2000年间，马克斯·布兰登公园（Max Brandon Park）三个人口普查区的非空置住房单元密度下降了27%，人口则下降了40%。

大特拉弗斯和马车镇的种族成分和住房权属都很多样化，而马克斯·布兰登则以非洲裔美国人为主，房屋多属于出租屋。整个社区的很多住房都被拆除了，但仍有许多废弃建筑存留。大特拉弗斯和马车镇的空置土地被居民购买或被改建成公园空间，而在马克斯·布兰登公园，类似土地大部分都还闲置着（图4.4）。这里大片的空旷土地无人看管也无人照料，因而成了害虫栖息地、犯罪分子的藏身之所，甚至沦为垃圾场。

人口和住房数据，马克斯·布兰登街区，弗林特，1970—2000年　表4.3

变量	1970	1980	1990	2000	%△'70–'80	%△'80–'90	%△'90–'00
人口	16189	14426	11432	9831	−10.9	−20.8	−14.0
户口总数	4745	4372	4119	3459	−7.9	−5.8	−16.0
% 非洲裔美国人	60.2	87.1	93.5	95.9	44.6	7.4	2.6
%65 岁以上	8.2	6.0	8.8	9.8	−26.6	45.9	11.6
% 贫困人口	16.6	20.5	41.4	38.8	23.5	102.0	−6.3
住宅单元总数	4981	4657	4473	4106	−6.5	−4.0	−8.2
非空置住房单元总数	4774	4378	4055	3463	−7.7	−7.4	−14.6
非空置住房单元/英亩	5.0	4.6	4.3	3.6	−7.7	−7.4	−14.6

来源：美国人口普查局

图 4.4　马克斯·布兰登公园街区的大部分空地杂草丛生、无人照管

在马克斯·布兰登公园，当单户住房的业主搬走之后，这些房屋通常仍然被出租给单户家庭，因此非空置住房密度保持稳定。但是像弗林特其他地区一样，由于缺乏精心的维护和负责任的照看，很多出租房被火灾吞噬。我曾询问一位老住户房屋的其他可能用途，她说："唯一的其他用途是吸毒和贩毒（毒屋）。"定量分析结果表明，过去几十年里马克斯·布兰登公园的非空置住房单元密度一直在下降，而定性调查则揭示出这些住宅单元的后续土地利用方式——毒屋或空地。这也证实了"社区的物质空间环境随着人口减少而发生着变化"的研究结论。

弗林特人口衰退的含义

由于城市和社区组织都无法有效地再利用或拆除废弃建筑，马车镇比大特拉弗斯更容易受到犯罪活动的影响。大特拉弗斯社区一位领袖告诉我，她一只手就能数清这里有多少个毒屋，然而在马车镇，大量废弃和半废弃建筑的棚户区也被这些活动占据。通过访问老住户也了解到，马车镇因其历史魅力而深受居民的喜爱，但是该社区拆迁或修复遗弃建筑的能力实在是有限。

在大特拉弗斯和马车镇，当地居民和社区发展专业人士都已经成功地利用"地块扩散"过程改变了城市肌理，使社区从高密度转向低密度。而从马克斯·布兰登公园案例看，缺乏强有力社区组织的低水平的业主自住比率可以导致不同的结果。该社区很少出现"地块扩散"现象，替代被拆毁破旧房屋的往往是品质上更加糟糕的构筑物。在特拉弗斯和马车镇，社区的物质空间环境逐渐变得更像农村和城市郊区，而同样经过几十年非空置住房单元密度的下降，马克斯·布兰登公园仍然是一个犯罪率高、租户比例高、不稳定的社区。特拉弗斯和马车镇都达到了农村／郊区的密度水平（1.4 个住宅单元／英亩），这或许表明它们人口减少的趋势会减缓。但马克斯·布兰登公园在2000 年时仍然处于城市密度水平（3.6 个住宅单元／英亩），并且收缩的趋势还有可能加剧。

这些社区都经历了变化，但马克斯·布兰登的变化最为痛苦。这表明，人口减少、物质环境恶化与生活品质下降并不是完全密不可分，而是受一定条件影响的。随着社区非空置住房单元密度下降，生活品质并非一定会下降。因此，通过关注非空置住宅单元密度指标，我们有可能找到正在经历物质空间环境变化的社区，并通过掌控社会、物质、环境和经济力量，为其未来塑造更高品质的生活。有些地方可以良性收缩，有些地方会恶性收缩——社区发展和规划干预是影响结果的关键要素。

这项研究为精明收缩的可能性提供了一些经验性参考。精明收缩的规划干预依然可以在人口减少和居住密度降低的同时，维持高品质的生活水平。本章的研究有助于我们理解在人口减少的社区里，居住密度（以及土地利用）的变化方式。同时也表明，精明收缩可以在密度降低状态下维持高品质生活。本书后面的章节还会进一步验证这一假说。而在下一章中，我将结合本章之前关于锈带收缩城市的研究结果，提出一个思考和实践精明收缩的模型。

第 5 章　收缩城市社区发展的新模型

在介绍"阳光地带"实证研究之前，我希望用本章总结"铁锈地带"对衰退研究的理论贡献。基于前两章的研究成果，本章为"焦蚀城市"未来的新规划应对策略提出了一个理论框架。

在21世纪初房地产和经济的繁荣期中，"阳光地带"城市是受影响最大的地区。从圣何塞到劳德代尔堡，这个繁荣期为北纬37°线以南的温暖南部带来了巨大财富。同时，也带来了城市蔓延*（Urban Sprawl），带来了税负过重的公共服务设施和拥挤的学校，以及规模上史无前例的环境恶化。虽然，"增长机器"和本地精英从增长中受益匪浅，但同时产生的反对意见也很强烈，基层对大拆大建的反感情绪在许多地方蓄积。正如后面的章节中将要提到的，那些案例城市在遭遇止赎危机时，增长受到巨大的冲击。因此，每个城市都制定了强有力的增长管理战略，限制那些影响生活品质的无约束发展。

在本书中提到的城市中（也包括美国其他很多城市），解决增长问题的办法总是被包装成为一个个"形态"，最新的可持续发展形态即为"精明增长"（Smart Growth）或称"新都市主义"（New Urbansim）。我也曾参与过以"精明增长"为旗帜的规划实践。那是在1999年的马萨诸塞州中部，房地产业当时处在最疯狂的繁荣期，正忙于满足互联网与科技革命带来的不断增长的空间需求和人口迁入。由于马萨诸塞州中部离大波士顿地区还有一定距离，因此它们不仅是许多通勤者的卧城，菲茨堡、伍斯特等城市还有机会创造自己的工作岗位。但当需求攀升时，新增长和房地产开发超过了区域的承受能力。随着波士顿地区的通勤者涌入马萨诸塞州中部地区，每日30-40英里的通勤距离不再稀奇。

当我在这里获得第一份职业规划师工作时，便迫不及待地准备把新城市主义和精明增长的思想运用到这里。在马萨诸塞州政府的资金支持下，"蒙塔切塞特区域规划委员会"启动了一个区域规划的编制，并委托由我来主管。通过走访很多市政厅和公共图书馆，我试图向反应平淡的普通居民讲述"精明增长"思想。我的日常剧本是这样的：

人口发展预测城镇人口未来十年将增长10%。我们预测未来将出现1000个新住户和750个新学龄儿童。创造这种增长的力量超出了我们的控制范围，坦率地说，也超出了州政府和联邦政府的掌控范围，增长无法避免。我们需要做出的决策是：如何来管理增长？我们是否还能像往常一样，继续建造低密度、蔓延式的新住宅，还是专注于建造或改造混合用途的、紧凑型的、具有强烈地方特色的社区？

---

* ［译者注］城市蔓延：指在城市外围进行的大范围、低密度的扩张型城镇化方式。由于其大规模占用土地、依赖小汽车交通、建筑能耗高，并不利于维持紧密的社会关系，常被认为是一种不可持续的城市形态。

这样的演说常常换来听众茫然的凝视，但还是有一些普通市民能理解城市所面临的决策。其他人则一脸迷茫地离开了会场。规划师通常对推广这种新增长模式及房地产开发愿景的努力充满同情，同时，他们也在担心如何修改区划指标、建筑和地块规章，才能充分管理新增长。还有很多人根本不想要增长，不希望有任何改变。

但从这份工作中我清楚地认识到，变化是不可避免的。在我所工作的城镇，从卢嫩堡到雪莉，随着推土机开始清理森林和农场路边不断出现"出售"标识牌，变化每天都在发生着。然而，尽管新的增长不断出现，但当地人却并没有准备为了保持其既有生活品质而去管理增长。

在多年以后回忆起这些经历时，我忍不住将当时的演说与今天讨论衰退必然性的演讲进行类比。在某种程度上，我当时的论点与今天的观点是一致的——只不过用"衰退"代替了"增长"。而之前提到的，所谓普通公民不应抵制外来增长力量，否则将会被淘汰。这一批评也很容易替换为针对衰落所进行的同样表述。即普通市民可以通过关注管理衰退，通过关注建成环境变化的方式，来影响变化的发展方向，影响日益衰落的社区。

精明增长和精明收缩之间这种奇怪的联系很值得进一步探索，这也贯穿于本书的始终。接下来，本章将重点讨论一种基于精明增长的新思考，这种思考能作为精明收缩实践的基础。并且，这种新思维也将有助于读者探索城市成功收缩的可能性。

概念定义

所谓"蔓延"是指在大片郊区住宅区进行房地产开发，而精明增长则以城市中心为重点，鼓励高密度发展（Burchell et al.，1998）。精明增长承诺更高效率地利用土地、减少对小汽车的依赖以及保护环境资源。精明增长倡导者特别抵制浪费性发展模式，并提倡基于土地循环利用和保护的开发模式。精明增长已经以多种独特的方式得以实施，包括绿色发展、以人为本的发展、棕地再利用等等（Taylor，Hollander，2003）。

以人为本的发展聚焦在行人尺度下的资源使用和设施建设，从而替代基于汽车使用者尺度的开发模式。传统基于汽车使用的开发模式导致住宅和商业用地间距过大，因此需要使用小汽车通勤（从而导致空气污染和能源浪费）。因此，以人为本的发展是当前"新都市主义"规划运动的核心（Calthorpe，1993）。新城市主义呼吁推广一个尊重传统建筑、步行导向和公交导向的城市发展新模式。

精明增长在概念上有些含糊，新城市主义则更难完全解释清楚。因此，精明增长的倡导者推出了一系列关键性的政策创新，作为该概念最清晰的定义（表5.1）。每项设计策略都是为了增长地区而设计，以促进紧凑、混合利用以及行人和公交导向型的发展。但问题在于，当经济和人口结构发生变化时，地方不再增长了怎么办？答案是，精明增长策略可用来解决增长问题，但在人口停滞或衰退情境下的效果是未知的。

精明增长政策 表 5.1

政策工具	实施城市
区域愿景研究或规划	波特兰，盐湖城，西雅图，纽约市，芝加哥
情景假设和概念规划	波特兰，盐湖城
社区设计比选（照片偏好选择）	盐湖城
城市增长边界	明尼阿波利斯／圣保罗，西雅图，波特兰
农业遗产计划	马里兰州
所需交通设施／基础设施	华盛顿州，佛罗里达州
区域申诉委员会	华盛顿州
城市中心战略	西雅图
优先投资地区	马里兰州
公交导向型发展	波特兰
步行环境因素	波特兰
区域税收分成	明尼阿波利斯／圣保罗
住房需求公平分配	明尼阿波利斯／圣保罗，新泽西州

新城市主义是由建筑师构想出来，并由建筑师主导的全国性运动。他们从事建筑、社区设计，甚至整个城镇的规划设计，因此新城市主义运动也体现了这一特征。这项运动最显著的贡献之一——"截面系统"，是由建筑师安德烈·杜安尼（Andres Duany）与伊丽莎白·齐伯克（Elizabeth Plater-Zyberk）共同发展的理论。新城市主义借鉴了生态学截面的概念。生态学理论指出，只要恰当的生态要素齐备，自然系统就能良好地运转，例如，棕榈树不能生长在沙漠里，珊瑚礁也不能在河谷中滋生。截面模型思想在 2002 年被以学术语言进一步阐述，杜安尼和城市规划教授艾米丽·塔伦（Emily Talen）在《美国规划协会期刊》上共同撰写了一篇文章，发展和重新定义了截面思想。

在这篇广为流传的文献中，截面被视为服务于可持续城市增长和发展的重要模型（表 5.1）。截面的"生态区"横跨景观的不同形态，起始于偏僻乡村即 T1 区（乡村保护区），接着穿过 T2 区（乡村保留区）、T3 区（郊区）、T4 区（一般城市区）、T5 区（城市中心区），最后到达大都会的心脏地带，即 T6 区（城市核心区）。

与截面生态区相关联的是"密度上限"、"城市设计"和"景观要素"等指标。T2 区意味着大地块、狭窄蜿蜒的道路、优美的风景。T3 区则意味着林地、干道、限制性多户住宅。T4 和 T5 区意味着高密度住房和高容量道路，以及土地的混合利用（特别是零售和办公）。如杜安尼和塔伦在文章中所说（Duany，

Talen，2002），T2 区住房密度会较低（最终由地方议会决定），而 T3 中最大住房密度为 6 个住宅单元 / 英亩，T4 为 12 个住宅单元 / 英亩，T5 最大允许 24 个住宅单元 / 英亩。新城市主义者提出截面模型的最大创新在于，他们坚持每个生态区都是特殊的，没有哪个比另一个更好。他们呼吁保护生态区的独特性，并维持截面系统的一致性和完整性。

在近年的经济增长和繁荣中，这种观点被广泛地接受。美国和国际上其他城市都开始使用截面模型，并探索如何将其与本地区划工具和管理法规相结合。[1] 佛罗里达州的迈阿密是先锋，截至本文撰写之时，它有可能成为美国第一个正式采用"基于形态进行区划"（Form-based Zoning）的大城市。

截面模型告诉我们，如果能对每个生态区进行保护规划和管理，那么增长对社区和邻里来说就不是一件坏事。本书的核心假设是，如果能够恰当地规划和管理衰退，那么衰退对社区和邻里也不是一件坏事。截面模型为在"阳光地带"研究收缩问题提供了一个有益的开端。在这里，我想提出的问题是："截面模型可以反向工作吗？"

到目前为止还不能。但是，"反向截面模型"提供一种工作思路，用于解决精明增长和可持续发展中的一些矛盾和问题（如前文所写）。它提出了一种可进可退的社区发展概念，增长或衰落在这一思想下是同等重要的。图 5.2 重构了截面模型。图 5.1 中，传统发展逻辑路径是从左到右，从乡村未受干扰的景观，到郊区，再到中心城市。因此，反向截面模型基于一个新假设，即社区既可以通过提高住宅密度来获得发展，也可以通过降低住宅密度来求得进步。

在这里，假设社区处在 T5 区初始状态，每英亩有 15 个住宅单元。如图 5.2 所示，我与两位研究助理绘制了马萨诸塞州萨默维尔市的一个社区，同样是每英亩有 15 个住宅单元。[2] 如果人口减少，该社区失去 20% 的住宅单元的话，那么每英亩将只有 12 个住宅单元，变成 T4 生态区。通常人口流失将被视为坏消息，但截面的概念告诉我们，这种变化不一定是坏事。因为对于新都市主义者来说，T4 区并没有比 T5 区更好或更坏，仅仅只是处于不同阶段而已。新都市主义者还告诉我们，可以通过各种城市设计和景观设计来改造社区，可以通过植入或重置生态区的各种要素来保护和保存其完整性。[3]

虽然精明增长和新城市主义表面上好像很难指导规划师和决策者处理人口收缩问题，但是这两种思想都为反向截面模型提供了重要的支持。这个修订版的截面模型为管理衰退提供了一个新思路，即可以通过建筑改造、城市设计和景观设计来保持生态区完整性。反向截面模型引发我们思考社区应该如何从 15 个住宅单元 / 英亩（T5）转变为 12 个住宅单元 / 英亩（T4）。

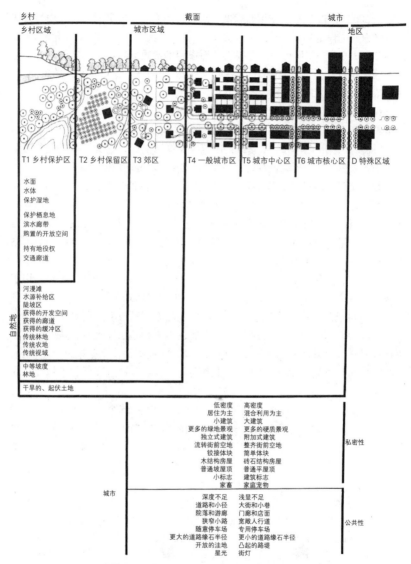

图 5.1　由杜安尼和塔伦构建的新城市主义截面图表（2002 年）

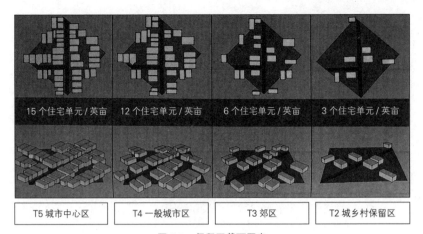

图 5.2　保留区截面图表

第 6 章　阳光下的新模式：
邮递员已经非常清楚

温暖且阳光充足的地方总是会增长，这好像是城市研究领域所有人都清楚的公理，但事实真是如此么？大量关于美国阳光地带的深入研究表明，空调使得温暖地带更具有吸引力，成为就业、工作和退休的理想选择。《自由》（Liberty）杂志 1926 年的一期封面故事宣称，佛罗里达州的增长引擎是永远不会减速的（Cave，2009）。低廉的土地价格和便捷的服务设施使亚利桑那州、得克萨斯州、新墨西哥州、南卡罗来纳州等地区在 20 世纪下半叶变得异常受欢迎，超越了任何梦想家疯狂的想象。自 20 世纪 70 年代以来，许多学者认为权力、财富和人（居民）从铁锈地带流向阳光地带的趋势将会是永久性的（Perry，Watkins，1977；Weinstein，Firestine，1978；Bernard，Bradley，1983；Sawers，Tabb，1984；Schulman，1994；Pack，2005）。

除了偶尔出现繁荣—萧条的反复，阳光地带被认为是永久繁荣且无限增长的地方。在本章中，我将用一些经验证据来反驳这一观点，并开始引入第 5 章介绍的概念框架。阳光地带城市目前正处于经济和人口的下降之中：它们正在收缩。比人口变化更重要的是，衰落的阳光地带城市大部分还出现了物质空间的收缩，这给积极重塑和改造城市社区提供了一个前所未有的机会。

这种 20 世纪晚期有关阳光地带的判断，主要是建立在解释过往数据的之上。鲍曼和帕加诺（Bowman，Pagano，2004）的《未知领域》（Terra Incognita）是一份基于调查和人口普查数据分析的空置土地和城市战略报告，它可以作为我研究的背景介绍。该研究完成了一项调查，向 1997—1998 年间超过 5 万人口美国城市的政府官员邮寄调查问卷（寄出 531 份，收回 186 份），并且，通过邮寄 81 份后继问卷进行了第二次调查。这项调查结果显示，南部（n=23）和西部（n=30）城市存在大量闲置用地（分别为 20011 英亩和 10349 英亩）。而在中西部和东北部城市，（闲置地）平均数为 5903 英亩和 5004 英亩。

这项调查还要求当地官员报告其城市中废弃建筑的数量（仅有 20 个南方城市和 23 个西方城市提供了相关数据）。在这些数据中，南部城市平均有 1632 座废弃建筑，而西部城市仅有 93 座。而东北部和中西部城市平均有 4025 座废弃的建筑物。[1] 比较之下，一些南部城市在 1998 年肯定存在废弃建筑问题，从平均数看，西部城市没有这样的问题。这种差异反映了很多研究文献中提到过的阳光地带的城市的类型分异：（1）较贫穷的前工业城市，如亚拉巴马州的莫比尔（Mobile）（2009 栋废弃建筑）和弗吉尼亚州的里士满（3000 栋废弃建筑）；（2）新兴经济城市，例如佛罗里达州的彭布罗克·派恩斯（Pembroke Pines）（1 栋废弃建筑）和加利福尼亚州和圣克拉拉（5 栋废弃建筑）等。在新的千年里，随着止赎危机和大萧条的到来，为了了解其影响和应对的正面和负面效果（同一个硬币的两面），研究有必要对整个阳光地带进行分析。然而，认识到阳光地带城市之间的差异，了解阳光地带城市之间及其与其他美国城市之间的不同历史，对于进行相关分析至关重要。鲍曼和帕加诺从废弃建筑物角度展示了这一差异，并通过调查空置土地提出"未开发土地应该如何适应地方规划策略？"这一重要问题（本书将在案例研究章节详细讨论）。

当转而研究阳光地带城市时，我主要从两个数据源来获得社区尺度下的人口统计和土地利用数据。第一个是众所周知的美国人口普查，其中涵盖城市的人口、就业和住房水平数据，大部分具体到了城市，少部分具体到"邮政区"（同一邮政编码的地区）。十年收集一次的人口普查数据在地理尺度在更精细——人口普查区（通常小于邮政区，平均涵盖几千户家庭）。我们汇编了2005年超过10万人口阳光地带城市的相关数据。在界定阳光地带范围时，我略微修改了人口统计学家和地理学家使用的边界，包括了处于37纬线[2]以南各州的所有城市。这些城市位于以下联邦州（行政范围内）：

- AL　亚拉巴马州
- AR　阿肯色州
- AZ　亚利桑那州
- CA　加利福尼亚州
- FL　佛罗里达州
- GA　佐治亚州
- LA　路易斯安那州

- MS　密西西比州
- NC　北卡罗来纳州
- NM　新墨西哥州
- NV　内华达州
- SC　南卡罗来纳州
- TX　得克萨斯州

由于数据错误，7个城市被排除在分析之外。此外，上述13个阳光地带联邦州共有140个城市。[3]这其中大多数城市（86%）在止赎危机到来之前，都处于快速增长状态。总的来看，这些城市2000—2005年间人口总共增长了2372033人（平均每年增长474406人）。随着房地产市场在2006年崩溃，许多城市的发展轨迹开始发生改变。但是，整个阳光地带仍然处于持续增长状态（尽管速度较慢）。总体上，这些城市在2006—2008年间人口增加了1138245人。但仔细观察就会发现，持续增长模式中存在间隙。随着房价于2006年开始下降，一些城市的人口也开始减少。2006—2008年间，阳光地带多个州的26个城市开始出现人口流失，包括佛罗里达州、加利福尼亚州、路易斯安那州、佐治亚州、亚拉巴马州和密西西比州（表6.1，图6.1）。这组人口收缩城市的人口流失平均数为1660人（标准差为1603），最大值出现在路易斯安那州巴吞鲁日（6680人）。[4]

人口流失最严重的城市（2006年7月—2008年7月）　表6.1

城市	州	2008年7月	2006年7月	人口变化值（2006—2008年）
巴吞鲁日	路易斯安那州	223689	230369	−6680
哥伦布城	格鲁吉亚州	186984	191578	−4594

城市	州	2008 年 7 月	2006 年 7 月	人口变化值 （2006—2008 年）
杰克逊城	密西西比州	173861	177999	-4138
海厄利亚市	佛罗里达州	210542	213854	-3312
长滩市	加利福尼亚州	463789	466751	-2962
彭布罗克派恩斯市	加利福尼亚州	145661	148069	-2408
珊瑚泉市	加利福尼亚州	125783	128023	-2240
圣彼得堡市	加利福尼亚州	245314	247515	-2201
好莱坞城市	加利福尼亚州	141740	143853	-2113
伯明翰市	亚拉巴马州	228798	230733	-1935

数据来源：美国人口普查局（2009 年）

虽然人口变化情况已经非常令人吃惊了，但仔细观察阳光地带城市内的土地利用变化可以发现，还更多令人担忧的统计数据。全年每个星期的六天中（除周日外），邮递员都会在美国的每条街道上走来走去，他们会记住看到的景象。我们感兴趣的不是每家会收到的多少邮件（但这些数字似乎也在下降），而是有多少住房单元是空的并不再接收邮件了。如果住宅 90 天无人居住，邮政局就会将这个地址从工作清单中删除。

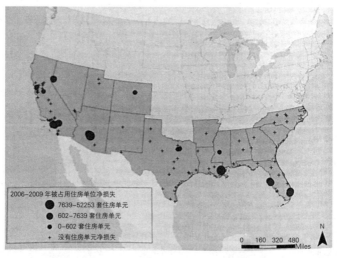

图 6.1　2006—2009 年间阳光地带 10 万以上人口城市的非空置住房单元数量变化

　　以我生活的街区为例，这里共有四个单户住宅和两个多户住宅（每个有三个住户单元）。在我搬来这里时，所有十个住房单元都有人居住并接收邮件。如果街对面的住房进入止赎状态并且空置超过 90 天，邮政局就会认为这一街区只有 9 个住房单元。这 10% 的下降率既有实际意义又有误导性。10% 的下降率可能意味着居民变少，或者可能表示出现一个废弃的建筑物，也可能是由于其中一个多户住宅从三个单元改造为两个。单靠数据无法告诉我们具体发生了什么，但规划人员可以确定，当前住宅单元密度有所下降。

　　如第 3 章所介绍的，非空置住房单元密度是精明收缩实践中（也是精明增长中）的一个重要的基本概念。邮政服务数据提供了一个计算非空置住房单元密度的可能，但这只是一种估算。正如对密歇根州弗林特的调研，验证了由人口普查区生成非空置住房单元密度的有效性，我也将利用三个阳光地带城市案例调查，检验以上结论的准确性。

　　由于这项研究很特殊，我们需要在较短的时间范围内来分析阳光地带城市的社区变化。基于对 Zillow.com[*] 的住房销售数据及大众媒体上的普遍共识，阳光地带的大部分地区的房地产热潮在 2006 年初或之前达到顶峰（Goodman，2007；Leland，2007；Cauchon，2008）。因此，我从邮政局收集了 2006 年 2 月到 2009 年 2 月的完整原始数据。[5] 原始数据很难分析，但我成功地将邮政服务数据库中的邮政编码与美国人口普查局的"邮政编码制表区"（ZCTA）文件进行了匹配。然后，在美国邮政网（United States Postal Service，USPS.gov）上搜索获得每个城市的邮政编码列表（总共 2241 个邮政编码）后，我筛选出 140 个阳光地带城市中的邮政编码。最后，我需要解决邮政局常常变更邮政编码边界的问题。在研究助理的帮助下，我通过查阅邮政公告（在线邮政服务）了解邮政编码变更或删除的信息，共删除了 607 个邮政编码，最终剩下 1634 个。

　　在这里损失的信息有可能会对结果产生潜在影响。但是，也只有边界变化的邮政区与典型的邮政区存在系统性的差异时，分析结果才会受会影响。事实上，邮政编码变化可能只是因为是不断增长的社区。伴随着新的住宅和商业需求，城市将邮政编码边界扩展到外围非城市化地区（Unincorporated Areas）[**]。在增长的区域，有时候邮政编码会被一分为二。因为这是一项关于收缩的研究，我原本就希望删除这些高增长地区的邮政编码。但是不需说明，本分析中得出的所有结论和概括，可能受到这些数据偏差的限制。

---

[*]　［译者注］Zillow.com 是美国最常用的网上租房平台，为个人和机构提供发布和查找房屋出租、出售信息。

[**]　［译者注］非城市化地区，指美国城市以外不属于市政府（Municipal Corporation）管辖地区，通常由所在县郡、镇、教区、区、州或联邦政府管辖。

阳光地带城市的土地利用变化

在城市层面，大多数阳光地带城市在止赎危机中表现良好。在 2005 年人口超过 10 万的 140 个阳光地带城市中，只有 29 个在 2006—2009 年间出现了住房净减少（见表 6.2 和附录 B）。这 29 个收缩城市的住房单元的平均减少比率为 2%，其中新奥尔良州占了一半以上。除了遭遇飓风影响的新奥尔良外，住房单元减少在整个地区分散出现。收缩城市平均有 6 个邮政区出现了住房单元减少，许多城市存在 10 个或更多邮政区有住房减少。

这是一项社区尺度的研究，仔细研究次城市尺度数据会发现更惊人的收缩情景。140 个城市中，共有 1647 个邮政区可以获得 2006、2009 年 USPS 数据，其中有 601 个（超过三分之一）邮政区损失了住房单元，其中 1044 个邮政区呈现增长。研究关注的邮政区中超过 1/3 在 2006—2009 年间出现了非空置住房单元减少——这是令人震惊的发现。此外，阳光地带中有 79% 的城市（n=112）有至少有 1 个邮政区在这段时间内失去了住房单元。

如此普遍的物质空间收缩令人惊讶，那严重程度又如何呢？使用非空置住房单元作为指标可以清晰地看出，从 2006—2009 年间，阳光地带城市的确发生了变化。[6] 在 601 个收缩的邮政区中，非空置住房单元密度的平均减少 4%，标准差为 9.7%。也就是说，以 5 英亩大小 20 个双户住房的社区为例。在 2006 年，假设这些单元都被占用（即在过去 90 天内接收邮件）。在该社区的 5 英亩土地上共有 40 个住房单元，每英亩 8 个住房单元（从规划实践角度看，是典型的中/高密度城市社区）。这个社区的非空置住宅单元密度减少 10%，意味着从每英亩 8 个单元减少到每英亩 7.2 个单元，也就是剩下了 36 个住房单元（7.2×5 英亩）。这些减少的 4 个住房单元的情况如何？有些可能还存在但空置。有些可能被忽视和被破坏，并且很可能处于废弃状态。有些可能已经被拆除了。还有一些甚至可能与相邻单元合并（例如联排式住宅可能被合并为单户住宅）。

统计数据分析小结

当前最大的问题是，这些变化会对社区的居民以及负责管理土地使用变化的规划师造成什么影响？以下三章将通过实地调查社区，访问居民和当地官员，来进一步验证这些发现。如上所述，有大量的阳光地带城市可以用于验证废弃的挑战和精明收缩的机遇。在所有阳光地带的联邦州中，有四个州在本章的分析结果和其他研究文献中特别突出。它们被认为是空置危机的重灾区：加利福尼亚州、佛罗里达州、亚利桑那州和内华达州。RealtyTrac 公司 2009 年发布的报告显示，大部分按揭止赎集中在这四个州的城市（Associated Press，2009）。

表 6.2　住房单元损失最多的城市（2006 年 2 月—2009 年 2 月）

城市	联邦州	城市边界内所有 ZCTA 的总面积	2006 年 2 月非空置住房单元（OHU）	2009 年 2 月非空置住房单元（OHU）	城市非空置住房单元（OHU）的差值		2006 年 2 月非空置住房单元密度	2009 年 2 月非空置住房单元密度	丢失住房单元信息（OHUs）邮政编码的数量
					No.	%			
新奥尔良城	路易斯安那州	105163	217451	165198	−52253	−24%	2.1	1.6	16
钱德勒市	亚利桑那州	81478	96992	87241	−9751	−10%	1.2	1.1	5
斯科茨代尔市	亚利桑那州	536280	150482	144325	−6157	−4%	0.3	0.3	9
吉尔伯特镇	亚利桑那州	25309	44307	42539	−1768	−4%	1.8	1.7	2
格伦代尔市	亚利桑那州	52078	106098	101951	−4147	−4%	2.0	2.0	7
里诺市	内华达州	1036474	80775	78745	−2030	−3%	0.1	0.1	2
克利尔沃特市	佛罗里达州	36098	91022	89264	−1758	−2%	2.5	2.5	9
圣彼得堡市	佛罗里达州	55359	176961	173839	−3122	−2%	3.2	3.1	13
庞帕诺比奇市	佛罗里达州	58839	182880	179833	−3047	−2%	3.1	3.1	10
劳德代尔堡市	佛罗里达州	125086	334285	328744	−5541	−2%	2.7	2.6	21
彭布罗克派恩斯市	佛罗里达州	14007	43999	43353	−646	−1%	3.1	3.1	3

城市	联邦州	城市边界内所有 ZCTA 的总面积	2006 年 2 月非空置住房单元（OHU）	2009 年 2 月非空置住房单元（OHU）	2006 年—2009 年城市非空置住房单元（OHU）的差值		2006 年 2 月非空置住房单元密度	2009 年 2 月非空置住房单元密度	丢失住房单元信息（OHUs）邮政编码的数量
					No.	%			
圣贝纳迪诺市	加利福尼亚州	106139	69207	68331	-876	-1%	0.7	0.6	5
梅萨市	亚利桑那州	173988	182805	180895	-1910	-1%	1.1	1.0	9
好莱坞市	佛罗里达州	11620	50581	50137	-444	-1%	4.4	4.3	2
唐尼市	加利福尼亚州	8008	34662	34372	-290	-1%	4.3	4.3	3
诺沃克市	加利福尼亚州	6268	27436	27226	-210	-1%	4.4	4.3	1
圣安娜市	加利福尼亚州	27450	102039	101296	-743	-1%	3.7	3.7	5
长滩市	加利福尼亚州	44603	196119	195045	-1074	-1%	4.4	4.4	11
莫德斯托市	加利福尼亚州	136310	87614	87192	-422	0%	0.6	0.6	5
里士满市	加利福尼亚州	24191	58551	58297	-254	0%	2.4	2.4	3

　　在选择案例城市时，我试图纳入具有不同人口规模、地理位置和政策应对方式的地区。前两个变量很容易收集，为了明确其对住房废弃的政策回应，我对十几个城市的政府官员进行了非正式电话访问，他们的城市至少有三个邮政区经历过严重的非空置住房单元损失。在访谈中，我试图去理解城市政府在做什么。虽然一些初步调查结果与后来的调研发现有所不同，但这确保了我对三个城市案例的研究能够获得结果，帮助之前提到的概念框架之下的描绘出复杂现实图景。案例也仅限于我个人与当地官员和社区领袖有过联系的城市。基于上述原因，我选择了加利福尼亚的弗雷斯诺（Fresno）、亚利桑那州的菲尼克斯（Phoenix）和佛罗里达州的奥兰多（Orlando）进行案例分析。

　　弗雷斯诺（2008 年人口为 475050）位于一个拥有百年农业生产历史的地区。作为地区的首府，该城市从 21 世纪初开始像当初种植作物一样来开发住房。2006 年后，该市针对房地产市场的突然转变进行了激进地应对，比如提出了出将房屋转变为滑板公园的新思路，以及一些其他的创新。菲尼克斯城 2008 年的人口总数为 1567924，总统巴拉克·奥巴马选择在这里宣布将计划花费 500 亿美元来解决止赎危机和住房废弃问题。这个城市过去的增长似乎无法阻挡，直到 2006 年，城市经济像纸牌屋一样崩溃。 最后，奥兰多是米老鼠的老家和全年阳光地带，也是这三个案例中规模最小的城市（2008 年人口为 230519 人）。奥兰多正在尝试重新调整其一贯的新城市主义政策，来以满足收缩城市的发展需求。这是其当前面临的主要困难。

　　虽然抽样并不随机，但这三个城市在人口、地理和对收缩问题的政策应对方面都截然不同。因此，它们可以为后续章节在讨论精明收缩的应用潜力和解决方案时，提供丰富且具有启发性的发展故事。事实上，接下来三章所总结的经验，也可以被推广到其他具有类似政策框架的城市。每个案例研究中使用的方法都与第 4 章分析密歇根州弗林特的方法相似。不同的是，人口普查数据是定量分析弗林特住房和人口变化的核心，但在阳光地带城市的案例中我使用了新的数据来源。在接下来的三章之后，我将回到本书的核心论点，通过横向比较各个案例，试图讨论"如何应对衰退"这个大问题。

第 7 章　中央谷地的新变化：弗雷斯诺的衰退

内森·甘斯（Nathan Gans）非常喜欢弗雷斯诺地区。在这个加利福尼亚州中央谷地的中心区，他结婚并养育了两个孩子。在湾区和洛杉矶盆地的中间地带，内森找到了一份焊工的工作，并在蓬勃发展的弗雷斯诺"99号公路以西"社区购置了一套三居室独立住宅。

由于低价买入，他的房产价值在21世纪初期开始迅速增长。到2005年，这处房产已经为他积累了相当多的财富。和他许多的朋友和邻居一样，内森开始通过"住宅权益贷款"*（Home Equity Load）使用这笔财富。他利用这笔钱买了一条中型游船，供他在附近优胜美地国家公园的河流中休闲游玩。

几年之后，内森再次利用住宅权益贷款换购了一条大一些的船。次年，他最后一次通过住宅权益贷款购买了一条更大的船。几个月后内森失业了，金融风暴的影响很快席卷而至。由于拖欠贷款，他的房屋进入了止赎状态。由于一直没有固定收入，他无奈地搬到明尼苏达州与父亲住在一起。这套甘斯家庭曾经引以为傲的房产，现在只能在弗雷斯诺炎热的阳光下渐渐地腐朽。住宅的草木景观开始枯死，当地的青少年也试着闯进去聚会。破旧的房屋空置了一年多，成为街区的一道疤痕，直到最近银行才决定将其出租。人们因为各种原因来到弗雷斯诺，为了阳光、为了便宜的物价和房价或是为了工作机会。但是，如今人们正在因为失去工作和失去住房而离开。弗雷斯诺（及其他地区）的住房升值并没有给人们提供财务安全、保障和稳定，而被用来贷款买船（和更大的船）。一旦房价暴跌，业主便会被暴露于财务危机之中。虽然加利福尼亚州官方预测弗雷斯诺的人口已经趋于稳定，甚至还稍有增长。但如果来城市街区看看，你会发现不同的景象。2005、2006和2007年的房地产开发留下了几千栋空置住宅散布于城市的各个角落。从美国邮政局收集的数据看，弗雷斯诺的一些社区已经出现了2%-3%的空置住房单元。

本章是三个深入调研案例中的第一个，我希望了解这些城市是如何受到经济衰退影响的，以及专业规划师、本地政治家、普通居民和社区组织领袖如何作出应对。在开始分析现状问题之前，我们有必要从认识弗雷斯诺以及中央谷地的发展历史开始，这对我们理解当前的现象至关重要。

弗雷斯诺的规划和房地产开发简史

弗雷斯诺的历史就是一部关于水的历史——水的利用、滥用和限制。沃斯特（Worster，1985）有关水和美国西部的讨论是理解中央谷地现状问题和未来

---

* ［译者注］住宅权益贷款：是指以住房作为抵押物向银行进行信用贷款，并每月向银行偿还本金与利息。

趋向的重要出发点。沃斯特提出，"水不仅是简单的自然要素，更是塑造区域历史的重要力量"（p.5）。

中央谷地大规模灌溉系统的整体重建，一方面给区域自然系统带来了破坏，另一方面也给地区带来了巨大的财富。沃斯特研究了 1933 年的"中央谷地工程"*如何给这个肥沃但干燥的盆地带来大量水资源，如何史无前例地将一个沉寂的铁路小镇变成世界级农业中心。根据估算，中央谷地出产了全美国餐桌上 25% 的食物。环境科学家称之为"史上最富裕的农业区"（Johnson et al.，1993）。这个不可思议的转变已经成为许多规划和房地产开发研究的对象。纳什（Nash，2000）在研究中央谷地现代史时说过："20 世纪，没有哪个景观变化过程被如此深入地讨论、研究和规划（p.3）。"因此，弗雷斯诺是在研究当代城市变化过程时独一无二的、有趣的案例。

米妮·奥斯汀（Minnie Austin）和三个旧金山的教师于 1878 年最早定居弗雷斯诺。这里被铁路巨头利兰·斯坦福（Leland Stanford）视为"中央太平洋铁路"（Central Pacific Route）上的重要中途停靠点。自此，一个小镇从火车站旁开始成长，并向周边沙漠地区拓展农业生产。

沙漠气候导致灌溉用水缺乏，小镇的规模一直无法扩大。中央谷地工程的实施带来了大量的水资源，弗雷斯诺这座城市以及周围的社区开始逐渐呈现繁华农业中心的景象。

农业生产的季节性意味着，地区在生长季节需要很多劳作，而其他季节的失业率较高。为了支持农业经济，弗雷斯诺需要一大批"可塑性强的永久下层阶级"。正如约翰逊（Johnson et al.，1993）所说：中央谷地需要维持一个多达 86000 人的"影子社会"（Shadow Society），这些人没有权益、没有保障且工资水平很低（p.4）。

在 20 世纪 60 年代，城市官员利用几百万美元联邦资金，通过修建高速公路，或者通过将其标记为"高密度地区"（High Density Districts）将弗雷斯诺的社区进行了区块切割。高密度地区的划定并不考虑建筑结构或者用途；而是根据规划者认定"在构筑物中出现了与规划安排不相符的用途"。

据今天的规划师猜测，20 世纪中期这么做的规划意图是：通过鼓励在城市边界以内进行新建设和再投资，来复原城市和社区。通过"放松土地区划控制"（Upzoning），他们希望激励业主进行房产新建和改建，进而提高经济活力。但是，新建筑常常是低品质公寓，并"不能发挥任何稳定社区的作用"。为了换取短期内建筑工作和收入，这座城市成功地摧毁了业主安居的

---

* ［译者注］中央谷地工程：是美国联邦政府在加利福尼亚实施的水资源管理工程，其目的在于通过修建水库、储备水资源和区域调水工程来满足加利福利亚中央谷地地区的灌溉和市政用水需要。

稳定社区。在收缩城市中提高住房密度这一举措，确实能有效地吸引资本和再投资，但同时，也把许多以安静的、以自住住宅为主的社区（如 Lowell-Jefferson）转变为以出租为主的拥挤社区。一个弗雷斯诺的规划师告诉我："我们从来没有真正地尊重过自己，我们只是想要新的房地产开发。"虽然城市的物质空间环境获得了改善，城市的美学价值却没有获得很大提高。如塞特印尼齐（Setencich，1993）所说："弗雷斯诺在任何城市选美比赛中都不会胜出。"

弗雷斯诺在"市区重建"*（Urban Renewal）的"灾难"后经历几十年的萧条时期，直到 20 世纪中期，经济才开始再次快速繁荣起来，整体财富和城市都在增长。人口出现增长，就业岗位开始增加，住房的数量也在攀升（表 7.1）。为了容纳这些新居民，每年有数以千亩的农田被转换为居住用地进行了开发（Johnson et al.，1993，p.199）。这个区域的传统经济基础（即农业）开始逐渐被新兴产业（即房地产）所取代。规划师和大部分人认为，这种缺乏地方特色的、蔓延式的城市增长，是对区域可持续发展的严重威胁。人口统计学家预测，该区域的人口将在 2007—2050 年间翻一番。一个被许多规划文本参考的关键政策报告指出："为了给未来增长作出充分准备，当前的领导者和居民需要在'中央谷地社区和土地的当前形态和未来方向'上做出明智的抉择"（Great Valley Center，2007，p.1）。

从 2006 年初开始，当地政治家、规划师和非营利性组织领导者组成了一个联盟，针对如何应对未来 400 多万人口规模和如何引导未来的增长，共同为弗雷斯诺地区制定了蓝图。[1] 这个蓝图项目的目标是：通过将工作岗位引入周边区域，来减少汽车使用、降低住房价格、减少长距离通勤。一个区域规划师说：他们想要"创造更多本地的工作机会，减少人们长途通勤"。

全市人口和住房数据，弗雷斯诺，1970—2000　　表 7.1

	1970	1980	1990	2000
总人口	289225	358813	477389	570163
% 白人	91.1%	76.9%	64.7%	58.3%
% 非洲裔美国人	6.4%	6.8%	6.6%	7.5%
% 拉丁美洲人	19.2%	22.0%	26.5%	36.4%

---

* ［译者注］城市重建：指 20 世纪 30—70 年代在美国联邦政府支持下对城市中衰败和枯萎的片区进行的城市再开发建设。由于其大拆大建的粗暴作风、对保留既有社区缺乏考量并存在种族歧视倾向，规划学界一般认为其破坏了城市肌理、冲散了社区生活并存在社会公平问题。

续表

	1970	1980	1990	2000
外国出生总人口	5.6%	7.7%	14.9%	18.0%
%<18 岁	34.8%	28.0%	30.7%	31.8%
%>64 岁	9.3%	10.2%	10.4%	10.1%
总户数	92091	131772	165962	190127
住房单元总数	96134	141298	174767	200543
非空置住房单元总数	92091	131725	165719	189723
% 非空置住房单元	95.8%	93.2%	94.8%	94.6%
上一年的家庭平均收入	$9264	$19837	$37663	$48447

资料来源：美国人口普查局，人口普查 1970—2000 摘要文件 1；Geolytics，社区变化数据库

　　这种规划方法很明显参考了同时代其他城市的区域规划思路，即 20 世纪 90 年代末期，俄勒冈州波特兰市和犹他州盐湖城的新城市主义和精明增长策略（更多案例可见 Calthorpe，Fulton，2001）。将增长限制在现状建成区，以公共交通为导向的开发模式，保护开放空间，并管控城市边缘区发展，蓝图项目对弗雷斯诺的各种增长压力都作出了很好的应对，直到 2006 年发展的浪潮转向了。

　　21 世纪中期，城市周边大量农田不断被新房地产开发所吞噬，而弗雷斯诺的城市中心却在努力留住商户和居民，并打击犯罪。区域主义者提出的恢复中心城市和遏制郊区蔓延的主张对弗雷斯诺来说是有价值的。2002—2005 年间，该市总共发放了 7424 个单户住宅的建筑许可（表 7.2）。这表示，2002—2005 年间单户住宅数量增加了 135%。在同一时期，人口预计增加了 14547 人（U. S. Census，2009）。建设热潮并不仅限于单户住宅，在此期间，多户住宅的建设许可数量也翻了两番。奇怪的是，由于出生率的下降和年轻家庭的搬离，这一时期学生人口数量在持续减少（Fresno Unified School District，2009）。根据"弗雷斯诺联合学校区"（Fresno Unified School District）的数据，从幼儿园到高中的学生总数在 2002—2006 年间下降了 5%。

　　更糟糕的是，大范围的环境问题给该区域和城市造成了二次冲击。2009 年初，城市西部数千英亩农田由于缺少水的灌溉而停止生产。农业生产下降意味着在农田上工作的人都将失业，进而相关仓储和加工企业的工人也将失业，一系列连锁反应和宏观经济挑战聚合，进一步加剧了城市和区域的发展问题。水的问题是长期的，它阻碍了城市和区域领导人为扩大农业就业而进行的各种努力。接下来，本章暂时搁置这些担忧，并将在最后讨论精明收缩的机遇时回到这个问题。

	2002	2003	2004	2005	2006	2007	2008	2009*	2002—2005 变化	2006—2008 变化
单户家庭住宅	1134	1514	2109	2667	1959	2039	1529	1231.5	135%	–37%
多户家庭住宅	26	161	220	152	49	163	58	9	485%	–82%
许可总数	3162	3678	4333	4824	4014	4209	3595	4254	53%	6%

* 2009 年数据基于 1 月 1 日至 8 月 31 日的数据线性外推估计，1 FAM = 821，M–FAM = 6，PERM = 2836
资料来源：弗雷斯诺建设局

　　如果将 2006 年作为阳光地带经济和房地产问题的开始，我们会发现弗雷斯诺从此就开始变得不一样。虽然，根据加利福尼亚州和美国人口普查，全市的人口还在持续增长。[2] 但是 USPS 数据表明，个别社区开始出现普遍的住房流失（图 7.1）。在这个萧条时期，建设活动数量急剧下降。2006—2009 年间，核发的单户建筑许可数下降了 35%，多户建筑许可数下降了 82%。这些衰退的影响是很严重的。

　　税收收入的减少削弱了城市提供公共服务的能力，规划部门的人员被裁减了一半，关键性城市服务预算（如规划执法*和警察）也被迫降低。2008 年，城市比前一年削减了 2700 万美元的预算，但到 2009 年底，城市仍然面临 2780 万美元预算缺口（Clemings，2009）。弗雷斯诺的市长承诺通过裁员来解决持续的财政紧张，但一些观察人士指出，随着第二波止赎危机席卷本市，当前的问题只会变得更糟（Clemings，2009）。

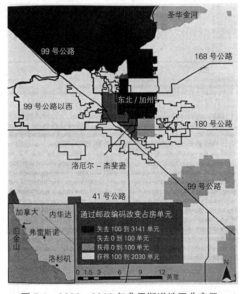

图 7.1　2006—2009 年弗雷斯诺地区非空置住房单元变化（分邮政区）

---

*　[译者注] 规划执法（Code Enforcement）：指根据地方的区划法律、条例或区划要求进行巡视和检查，监督是否存在违反区划条例的建设行为。

表7.3

2006—2009年弗雷斯诺邮政区非空置住房模式

研究社区	邮政编码	LISC止赎评分（跨州止赎组成评分）**	2000人口普查				非置住房单元 2006年2月	非空置住房单元 2009年2月	从2006年2月到2009年2月非空置住房单元变化	USPS邮寄活跃住宅统计		
			社区名称	总人口	总住房单元数	土地面积（英亩）				每英亩非空置住房单元 2006年2月	每英亩非空置住房单元 2009年2月	%2006年2月—2009年2月的变化
	93703	10		31168	10241	2996	10194	9918	-276	3.40	3.31	-3%
√	93726	8.7	东北/加州	39135	15038	4071	15196	15049	-147	3.73	3.70	-1%
	93704	3.1		26565	11667	3623	11618	11500	-118	3.21	3.17	-1%
√	93701	4.7	洛厄尔—杰斐逊区	13844	3943	977	3729	3632	-97	3.82	3.72	-3%
	93705	10.7		35443	13084	3007	12948	12871	-77	4.31	4.28	-1%
	93728	4.8		16339	6283	1956	6201	6128	-73	3.17	3.13	-1%
	93721	0.9		6836	1860	1303	1753	1722	-31	1.35	1.32	-2%
	93650	0.9		3257	849	314	1483	1454	-29	4.72	4.62	-2%
	93702	22		47997	12737	3362	12484	12539	55	3.71	3.73	0%
	93710	3.3		29327	11557	4214	11414	11562	148	2.71	2.74	1%
	93711	1.7		36269	15589	7163	15751	15918	167	2.20	2.22	1%
	93706	8.5		35781	10323	101812	10260	10654	394	0.10	0.10	4%
	93725	4.6		20998	5970	41501	5971	6395	424	0.14	0.15	7%
	93727	13.1		54681	18344	20819	19691	21641	1950	0.95	1.04	9%
	93720	3.9		—	—	—	21029	18318	-2711	—	—	—
√	93722	26.2	99号公路以西*	—	—	—	—	—	—	—	—	—

* 边界改变的邮政区被从第6章分析中删除了，但93722的边界发生了变化，由于其特殊的止赎率而被进一步分析。
** 地方行动支持公司与止赎响应。表1：2008年11月 http://www.housingpolicy.org/assets/foreclosure-response.

由于邮政区的边界常改变，很难进行长时间跨度的纵向比较分析。很难准确计算弗雷斯诺从 2006 年起总共损失了多少住房单元。在第 6 章中，我粗略勾画了整个阳光地带正在发生的主要变化。在弗雷斯诺案例详细研究中，有必要重点关注表 7.3 中出现过较大人口和住房损失的社区。与弗林特一样（第 4 章），我既利用统计数据这个案例分析，又开放性地实地调查了几个社区。在访谈了几个城市官员和社区领袖之后，我把目光聚焦在 2006—2009 年间经历了较严重住房损失的三个社区。其中，有一个社区在之前的分析过程中由于其邮政区边界调整而被删除了。但是，99 号公路以西（West of 99，93722）社区非常独特，因此再次被纳入了分析之中。另外两个研究社区出现了大量的住房单元损失：洛厄尔—杰斐逊（Lowell-Jefferson，93701）2006—2009 年间失去了近 100 个住房，东北 / 加州（Northeast/Cal State，93726）失去了至少 150 个住房。这三个社区的故事可以帮助我们理解弗雷斯诺地区的收缩。

社区层面的人口统计和住房数据，弗雷斯诺，2000　　表 7.4

社区	总人口	% 白人	% 非洲裔美国人	% 拉丁美洲人	%<18 岁	%>64 岁	总住房单元	非空置住房单元总数	% 非空置住房单元
93701 洛厄尔 —杰斐逊	13844	27.8%	6.9%	64.6%	43.4%	4.3%	3943	3451	87.5%
93722 99 号公路以西	60879	57.0%	8.0%	35.2%	23.4%	6.9%	20695	19744	95.4%
93726 东北 / 加州	39135	53.4%	7.6%	35.7%	29.5%	11.8%	15038	14122	93.9%

资料来源：美国人口普查局，2000 年人口普查摘要文件 1。

东北 / 加州（93726）

始建于 20 世纪 50-60 年代，东北 / 加州社区因为加州州立大学弗雷斯诺分校而为人所知，这是一所拥有 22000 名学生的综合性大学。但是，在最初建成时，这个社区就充满阳光地带新房地产开发模式的象征，即位于 "尽端路" *（cul-de-sacs）的中档建造物、大量游泳池还有邻近市中心的区位。一位城市

---

* ［译者注］尽端路：由于尽端路（断头路）可以营造更为安静、私密、内向的社区环境，在美国郊区化过程中常被规划师用来作为居住区组团设计的要素，并逐渐成为郊区化的代表符号。且由于其字面意思，之后也常用于隐喻低密度、蔓延式的郊区化进程的不可持续性。

官员说这是"大量低品质住房"的区域。这里是第一波郊区化浪潮在弗雷斯诺边界建设的居住区，最初居住的是以白人为主的中产阶级工薪家庭。根据最新的人口数据，白人仍占人口多数（53%），另外有36%是拉丁美洲人，8%是非洲裔美国人，11%亚洲人（U.S. Census，2009）（表7.4）。

当房地产热潮开始影响弗雷斯诺，这个以简易平层别墅（Bungalow）为主的中档社区的房价也开始攀升。因此，许多老居民开始将住房作为ATM取款机，就像本章节开始所说的那样，最终陷入财务危机。随着东北/加州开始陷入止赎困境，一批新的投资者来到了这里。在我调查期间，受访者证实社区可能有10%的空置率。空置的止赎房屋吸引了一批外来投资者，他们将这些房产集中进行出租。社区居民察觉到了一个清晰的变化趋势，从2006年起，越来越多的西班牙裔居住在该地区，租房者也越来越多。

国家预算削减导致整个加州州立大学系统下一学年要减少4万名学生。这意味着加州州立大学弗雷斯诺分校未来每年将减少400名新生入学，这也会相应地导致东北/加州的住房需求下降（Miller，2009）。

如表7.3所示，东北/加州邮政区（93726）是弗雷斯诺邮政区中较大的一个，2000年人口达到39135人，住房单元15038个（根据美国人口普查数据）。USPS数据显示，2006年2月非空置住房单元数为15196个，比2000年略有增长。考虑到社区几十年的建设历史，住房数量经过六年的繁荣发展后小幅度增长并不奇怪。但从2006年开始，随着弗雷斯诺经济恶化，截至2009年2月，USPS数据显示非空置住房单元数量出现下降。147个单元减少可以通过居住土地利用密度来表达，将降低数量除以邮政区的总面积（即4071英亩）。通过将住房单元的数量除以邮政区面积，数据结果被标准化，以便进行跨时间和空间的比较。

表7.3所示，东北/加州的居住土地利用密度从2006年2月的3.73单元/英亩下降到三年后3.70个单元/英亩，下降了约1%。按照这个比率，三十年内社区将减少到3.33单元/英亩，总共将损失1470个单元。目前还没有证据表明，外部/内部经济或者市场力量将导致这一趋势的延续，但从规划角度出发，理解这一趋势是非常有必要的。

到目前为止，影响东北/加州的力量已经导致社区物质环境发生了重大变化，这与USPS数据结果一致（图7.2）。如东北/加州的一个社区领袖所说："我们看到了它（止赎危机）对社区的影响，人们试着闯入住宅，投资者不断购买房产并出租，（我的社区）正在变成租赁区。"一位社区发展专家指出了东北/加州的发展未来："当越来越多的租客集中到这个区域时，超过一个临界点后，你可能会失去了社区归属感。"

犯罪率正在上升，被遗弃的房屋经常被"孩子或犯罪团伙成员"非法闯入——枯死的草坪是吸引入侵者的标识物（图7.3）。社区业主建立了"犯罪守

图 7.2 东北/加州第 9 街典型的单层空置房，枯死的草坪和门廊下的"出售"
都是空置的标志

图 7.3 东北/加州白金汉路，枯萎草坪和损坏的车库表明这是个废弃住房

望组织"（Crime Watch）*，"我们六七个人一起坐在外面，直到晚上 11 点，我们注意观察街区的变化"。有外来的人路过东北/加州社区，这是过去没有发生过的情况。一位老居民通过分析犯罪数据发现，止赎的废弃建筑和高犯罪率之

---

* ［译者注］犯罪守望组织（或称街区守望组织）：是指由街区居民自发组成的，监督、防范、巡视社区犯罪活动的志愿者组织。

间存在关联："我认为这和正在发生的事情有直接联系……这像是个皮疹（在街区间传播）。"

洛厄尔—杰斐逊（93701）

从人口统计学上看，洛厄尔—杰斐逊更像一个铁锈地带的城市社区，而不像在阳光地带。它的住房平均都有 50 年历史，街区很少有大型开放空间，只有止赎房产偶尔点缀了景观。居民大部分是非白人、西班牙裔人和大量的年轻人（相对于整个城市来说）（U. S. Census，2000）（表 7.4）。但洛厄尔—杰斐逊的变化开始于 20 世纪。始建于 20 世纪早期，它从弗雷斯诺的一个郊区农业村庄开始逐步演化，到 20 世纪 40 年代成为一个繁荣的市内宜居社区，然后该社区又变成了城市最贫穷居民的最后选择。这个社区的发展故事，在某种程度上，也折射出了整个城市的起落（图 7.4，洛厄尔—杰斐逊过去的豪宅）。

从最初建立开始，一些最富裕的居民就选择在洛厄尔—杰斐逊定居，在绿树成行的林荫大道两旁建造了豪宅。随着城市财富的消失和郊区化抽空了城市人口，弗雷斯诺实施了城区重建规划：（1）用一条在高架高速公路将街区一分为二，（2）允许在低密度街区（如洛厄尔—杰斐逊）进行更大密度的住房开发建设。在我对洛厄尔—杰斐逊居民和城市官员的访谈中，几乎所有人都认为，这两项举措获得了与其原本意图截然相反的效果。为了建造高速公路而征收了

图 7.4　这座废弃的宅邸位于洛厄尔—杰斐逊的 L 街，是街区曾经富裕的一个象征

几百个住宅，高架桥替代了原有的田园街道和花园，最终导致了社区的场所精神的湮灭殆尽。尘埃落定后，到千禧年的洛厄尔—杰斐逊已经成为弗雷斯诺最贫穷的社区，也成为犯罪滋生的地区。

随着房价于 2005 年左右开始攀升，投资者开始关注弗雷斯诺下一个"热门"街区。但是，这样的绅士化压力并没有持续多久，随着 2006 年市场的转向，这些外来者集体逃离了。而这个贫穷的社区则开始出现异常高的住房止赎，随之而来的就是大量住房废弃。

2006 年 2 月，洛厄尔—杰斐逊有 3729 个非空置住房单元（USPS 数据），住房密度为 3.82 单元 / 英亩，在弗雷斯诺的邮政区中排第三。[3] 三年以后，该邮政区减少了 97 个住宅单元，下降到 3632 个住宅单元，住房密度下降了 3%，仅剩 3.72 单元 / 英亩（表 7.3）。通过直接观察和采访当地居民和社区领袖，我们证实了结果。本街区的住房止赎和住房废弃数量出现了剧烈增加。很多住房被遗弃并开始破旧，严重影响周边地块的价值（图 7.5）。一些街区成了名副其实的鬼城，1–2 栋房屋被大片空置住宅包围（在"出售"或"出租"，还有一些似乎被银行遗忘了）。

洛厄尔—杰斐逊的人口收缩导致房屋封闭[*]和犯罪率增加，进而社区逐渐转变为租房社区。"少量［住房］入侵，大量蓄意破坏"，一位社区领袖在考察封

图 7.5　这栋位于洛厄尔—杰斐逊街区的房子前枯萎的棕榈树展现出被遗弃的迹象

图 7.6　麦肯齐大道上的这片空地毗邻着一个空置的租赁综合体，破损的围栏和裸露的"出售"标志表明这处地产缺乏打理和照料

闭住房增长情况时说道，"现在真的很糟糕，游泳池的水质变差，蚊虫肆虐。"她接着说："草坪枯萎，景观破败（图 7.5 和图 7.6）"。

现在只有投资者才会购买那些正在出售的住房单元。一个老居民试图解释变化，说："2006 年，出现了许多内城开发建设和廉租公寓。房地产繁荣期后，情况从 2—3 年前真正开始变坏。自此，大量的业主自住房变成了出租房。"

"很多止赎房地产都被贫民窟的人侵占了"，一位居民说。止赎危机正在逐渐推动洛厄尔—杰斐逊转变为以租房者为主的街区。"这里过去是以单门独户家庭为主的社区"，一位老居民感叹道。据一位城市官员说，由于信贷市场的收紧，自住房屋业主很难获得按揭贷款。

99 号公路以西（93722）

30 年前，这个叫"99 号公路以西"的社区还不存在。99 号公路历史上一直是弗雷斯诺市的西部边界，但 20 世纪 80 年代，似乎是一夜之间，开发商开始在 I-99 号公路以西建设新的城区，以满足旺盛的新住房需求。直到 21 世纪房地产繁荣之前，这个街区建设规模都很小，而此后，很快就从城乡接合部转变成一个庞大的中等收入居住综合体。

有一些 2004、2005、2006 年建造的新住房，直到我 2009 年到访时仍然空置着（图 7.7）。部分小区建设项目尚未完工，很多道路修建了一半，四处都是建筑

图7.7 瓦萨街区的房屋是全新的，在拍摄这张照片的时候（2009年6月）
从未曾有人居住

工地。随着这个偏远地区的房价急剧下降，由于"缺乏公共服务和便捷设施"，正如一位城市官员所描述的那样，业主在面临止赎时，会直接选择放弃房产而逃离。

双向六车道的主干道将99号公路以西社区与城区南北、东西向的规则方格路网连接。虽然规划为容纳上万人的新居住片区，但预想的大量交通流还从来没有在这个社区出现过。"过度规划"（Over Planning）也许是导致了街区问题产生的原因。如果当初选择一个较为缓慢而平稳的增长模式，今天也许不至于成为一个基于空幻快速增长而建设的大社区。

与预期的快速增长相反，这个地区从2006年开始出现了持续的人口收缩和住房遗弃，一直持续到当前（2009年末期）。此次研究中的大部分邮政区都没有边界变化，除了一些高增长地区——如99号公路以西。⁴因此，表7.3不包含99号公路以西的任何住房数据，我的研究完全依靠现场调研和访谈。

在研究中，我发现了弗雷斯诺其他两个社区具有相同的发展模式，房屋废弃、房屋入侵、犯罪率上升。受访的居民说这个社区有10%的住宅空置，我的实地观察也证实了这一点。由于大量的房屋废弃，犯罪率一直在上升，一个与我交谈居民说：虽然白天可以独自在街区行走，但在"夜晚，这里是一个可怕的街区"。他继续讲述了一些细节：

有一群吵吵闹闹的青少年，喜欢涂鸦，喜欢在夜晚聚在一起，这让一些人感到不舒服。我们附近的公园发生过一起谋杀案……（从 2006 年起，99 号公路以西）已经变了。任何街区如果出现租客和移民，就肯定会发生这样的变化。

居民认为侵入者是空置住宅最大的问题之一。"吸毒 / 贩毒的人进入这里，聚会……这是人们烧火堆的地方，这里没有暖气，所以他们点燃了火堆取暖。"

99 号公路以西的特点是它是崭新的，有很多未曾居住过的新住宅存量。在我调研期间，我沿着街区主要道路（西克林顿大道，West Clinton Avenue）一路开车，经过一个接着一个的新住宅区。我把车停在一个综合体入口，面前是一个巨大的建筑工地，全新的道路和一大片建成的或烂尾的住房，所有都是空置的。我谨慎地停好车，走过去仔细看了看。住房的确看起来都是空的，只有隔墙上散布的涂鸦显示出有些人活动的迹象（图 7.8）。

我独自一人突然被刺耳的噪声吓了一跳，声音在整个片区回荡。我四下寻找，看见噪声来自房地产开发商的破碎旗帜，它们在风中猛烈地抽打作响（图 7.9）。这个光鲜的旗帜曾经用于庆祝这个新项目开工，但是多年以来的营销失败最终使得开发商走向破产，四分五裂的旗帜也只能在风中独自飘摇。

规划 / 政策应对

弗雷斯诺社区在止赎危机的重压之下崩溃了。那城市政府、非政府组织（NGOs）和普通居民都做了什么进行应对呢？基于本书提出的研究问题，有必要理解城市阳光地带的城市规划和公众政策是如何应对人口收缩的，以便明确精明收缩方法是否适合作为替代方案应用。

图 7.8 两米多高的墙隔开不同居住区，犯罪团伙很快在上面做上标记。西点项目（Westpointe）还有三英亩土地空置。在没有任何保护或维护的情况下，烂尾房屋渐渐腐朽

城市政府机构都是复杂的、笨重的怪兽，弗雷斯诺市政府也一样。在城市管理过程中，市政府的部分职能由被选举产生的官员（特别是市长）直接掌控。而其他职能主要由公务员（与选举官员没有联系或隶属关系的政府雇员）控制。不难想象，政府的每个部门虽然表面上都由市长管辖，但都有独特的权力结构、价值观和目标。分析城市政府和其他机构针对止赎危机的规划和政策应对时，会发现这种权力分歧会越来越清晰。当我准备开始弗雷斯诺的现场调查时，正是新的市长艾什莉·斯威伦金（Ashley Swearengin）上任的前几个月。她以一个改革主义者的姿态竞选上了市长，任职后迅速将该市的"经济发展部"（Economic Development Department）重组为"市中心和社区振兴部"（Downtown and Community Revitalization Department）。与此同时，联邦政府的"国家稳定计划"（National

图 7.9　西点房产开发项目的破旗在风中飘动，右侧是空置（全新）房屋，左侧是隔墙（位于 99 号公路以西哈佛大道尽头）

Stabilization Program，NSP）资金正开始通过不同的部门（规划和发展部，Planning and Development Department，包括社区发展职能）注入该市。为了应对止赎危机，该城市政策制定体现了四个维度考量：（1）将大部分资源向某一个社区倾斜，（2）生活品质策略，（3）突破 NSP 相关政策的束缚，（4）仅关注土地的有效利用。

随着止赎住房和废弃住房数量不断累积，新市长重新调整了城市和联邦资源的部署，将主要投资集中到弗雷斯诺的一个社区：洛厄尔（洛厄尔—杰斐逊的一小部分）。这意味着警察、规划执法部门和其他主要机构之间必须密切协作。因此，各个部门在 2009 年必须每月召开协调会。其目标是通过在洛厄尔做出一些成绩，然后将部门协作的经验推广到城市其他优先发展社区。

"我们在协调城市各部门的工作，共同研究如何振兴一个街区"，一位城市官员解释说。这个项目的特殊之处在于关注生活品质而非增长或经济发展。城市领导者告诉我："我们想让洛厄尔成为一个健康的、繁荣的、有吸引力的、混合收入的社区。"当然，如何定义"健康"和"繁荣"可能与增长有关，但两者并不完全等同。

　　该政策的另一个特点是其实验性。城市领导者明确承认不知道应当如何"振兴"社区，但是他们相信如果将所有资源集中在一处，有可能会找到答案。考虑到近几十年来，在贫困、人口减少城市社区中有效实施政策和规划干预方面，研究已经积累了大量经验知识，这种实验似乎是一个非常浪费的策略。[5]如果通过学习现有文献资料，而不是自己摸索，城市官员也许能够更有效地利用资源。

　　洛厄尔政策的主要部分与本章前文提到的区域规划（区域蓝图项目）的目标直接矛盾。止赎危机期间，城市政策的主要目标应该是稳定社区和提高生活品质，而不是规划增长或集中进行新房地产开发。城市政府希望在主要的城市轴线和节点处进行高密集开发，也希望在城市大片居民区实现降低密度（就像在塔区成功实现的样子）。在塔区（Tower District）案例中，政府通过"基于形态的区划条例"（Form-based Codes）实现了街区向低密度转变，而且从各个方面看，实施效果都很成功。塔区如今是弗雷斯诺最稳定的社区之一。

　　一位城市官员解释说：他们"需要引导好的开发、好的设计"（当前情况下，好的开发是指围绕中心和节点高密度开发，而在其他低密度地区），好的设计是指基于新城市主义原则，服从截面模型的设计。

　　虽然尚处萌芽阶段，这种思考标志着传统规划方式（弗雷斯诺已经采用了几十年的增长战略）的重大转变。这为城市成为区域蓝图项目的一部分提供了机会，并同时忽略了其"基于增长的"假设前提。一位高级城市官员说：

　　"我不认为我们必须接受增长，我们规划增长时我们就获得增长……我们的道路里程数是圣何塞的两倍，但人口只有一半。我们人均维护的道路长度比圣何塞多！"

　　虽然"生活品质"没有直接出现在洛厄尔—杰斐逊的政策联系中。但是，该市在 2009 年颁布"止赎登记条例"以及后来的"空置财产条例"时，生活品质都被作为重点内容提出来。"止赎登记条例"借鉴自附近加利福尼亚州的城市，该城市用此政策工具跟踪持有遗弃住宅的银行。市政厅内部认定这是一种有效的积极措施，它成功收集了止赎房产责任人的联系信息，一旦房屋需要维护（例如窗子破损），可以联系责任人来维修。更新成"空置财产条例"后，增加了对遗弃住宅责任人缺失的处罚内容。

　　城市政府编制了有关按揭止赎、按揭违约、止赎拍卖的月度报告，并且，规划执法执行团队每 72 小时内就对报告中提到的所有房产进行实地勘察，以便积极应对。鉴于城市当前严峻的住宅废弃情况，止赎住房数量非常惊人，这种积极主动的应对办法似乎有效地控制住了问题。官员估计城市共有超过 4000 栋空置住宅，但激进地规划执法意味着只有几百栋有违规情况。

　　尽管城市政府声明将加强规划执法，但社区研究指出其做得还是不够。"一旦房屋进入止赎状态，谁都不会管他……草坪枯萎，内部被破坏。"一位社区领袖抱怨说。一位东北 / 加州的老居民也表示认同："我不认为城市政府在督促银行维护房产上尽了全力，这对社区产生了很大的影响。"

在联邦政府 NSP 所提供的大量资金援助下，城市政府通常能够大大提高解决问题的能力。但在弗雷斯诺，可供 NSP 发挥作用的空间相当狭窄，因此其对解决城市废弃房产问题的影响不大。一位城市官员在访谈中解释说，他们的目标是让房产"尽可能地掌握在最有实力的业主手中"（指财务信用良好的人或机构）。但是，NSP 则希望向低收入家庭倾斜，不管财务信用状况如何，这使得整个政策操作陷入僵局。

一位本地官员抨击了这些项目，指出其缺乏对现状问题的基本理解："这是个地方问题，但解决方案却来自于高层……社区目前仍然在痛苦之中。"

城市政府已经筹备了收购款，并配套了大约 75000 美元 / 单元的改造费用，希望完成几十个单元的修缮工作。但是，面对积极的投资者群体，城市和县郡政府在收购房产阶段就遇到了困难。一方面，政府机构内部程序复杂和办事时间拖延；另一方面，投资者积极地购入止赎住宅，有些为了将它们出租，而有些只是为了持有。

在适合进行多种类型土地利用的地方，城市通常会用政策将允许的土地利用类别限定在很小的范围内。例如三个研究区域中，几乎所有私有土地的唯一合法用途都是住宅或办公。当地的官员提到过了一个案例，她的办公室收购了两个废弃房地产，想作为某大型重建项目的一部分，但最终发现"谁也无法在上面进行任何开发"。很明显，由于弗雷斯诺官员的目光短浅，使得很多土地的潜在价值无法实现。如果不突破这一障碍，废弃住宅唯一可能的合法用途仍然是住宅开发，这种再投资方向在收缩城市中显然是有问题的。

精明收缩的基础假设前提是，废弃住宅和空置土地的再利用方式应当选择非商业用途，例如墓地、公园、社区花园、甚至停车场。像其他大多数城市一样，弗雷斯诺的区划和土地开发条例基本上禁止在土地再利用方面进行任何创新和想象，也禁止把密度降低。非常讽刺的是，城市原本非常希望能降低居民区住房密度。但问题是，他们想通过改变"区划要求"*（Zoning Requirments）中最大允许密度来降低住房密度（即将某些地区划定为"住房单元 / 英亩"较低的类别）。该政策工具本身是基于增长情景的，因此无法有效地引导城市制定符合人口收缩的规划政策。改变社区的住房密度上限，这是对新住房开发的严格限制。但是，它并没有解决现有住房的问题，也无法帮助现有的遗弃住房找到低密度的再利用方向和途径——如上文和第 6 章 USPS 数据分析所描述的那样。

---

* ［译者注］区划要求：类似国内的控制性详细规划中的控制性指标。

　　弗雷斯诺市政府并不是唯一积极应对止赎危机和住房废弃的主体；县郡政府、非政府组织部门（规模小但很活跃）和大型滑板社团也正在改变"废弃"的弗雷斯诺。

　　弗雷斯诺县政府的行政范围是整个区域中除市政府管辖区以外的地区，也包括弗雷斯诺市境内不属于市政府管辖的飞地。县域地区居民很少，所需要提供的公共服务也很少，税收收入也很少。但在城市境内的县政府管辖飞地上"掠夺性贷款"[*]（Predatory Lending）行为很普遍，县政府官员指出在这些地区的止赎和废弃房屋统计数据也很高。

　　大多数情况下，县域居民与其政府机构不常打交道，但由于大量的止赎和废弃房屋的出现，人们开始期待政府有所作为，而弗雷斯诺县政府却不知道该如何行动。一位县政府官员说，"大多数时候他们倾向于'最好别管我们'"，但是如今却非常需要我们的帮助。正如城市街区的住宅使用模式发生变化一样，县政府管辖的城市飞地也经历了同样过程。而他们最关注的问题是将来谁会搬进这些止赎房屋，以及会对社区稳定产生什么影响。

　　滑板运动和城市规划通常很难联系到一起，但在弗雷斯诺它们的关系却很紧密。[6]在这里，城市官方管辖的滑板公园数量是加利福尼亚州最多的，被认为是"滑板运动的首都"（McKinley，Wollan，2008）。2009 年末，洛杉矶电影制作人史蒂夫·佩恩（Steve Payne）首映了他的作品《弗雷斯诺》，一部关于滑板运动者如何侵入弗雷斯诺废弃房屋的纪录片，记录了这些人抽干游泳池然后在里面进行了数周的滑板运动。当地和国家新闻媒体也报道了滑板运动者的行为，这些人成为弗雷斯诺的一道风景（McKinley，Wollan，2008；ABC News，2009）。我访问的城市官员否认了滑板运动者的作用，在我调查的三个地区中，也没有发现滑板运动者的任何行动。然而，根据纪录片《弗雷斯诺》，他们的作用在于：他们是困境中街区的临时英雄，抽空并清洁了游泳池池塘，防止了蚊虫肆虐，防止有人意外溺水。最重要的是，他们带来了人群活力，注视、监控着那些荒凉的、空无一人的社区。

　　利用苹果手机和谷歌地图应用，滑板运动者在航拍地图上找到了有游泳池的住宅，再叠加上来自 RealtyTrac.com 的止赎住房数据。这种高科技非法侵入方法使他们能够快速地、轻松地找到适合滑板运动的最佳场所。尽管他们的行为是非法的，但滑板运动者事实上是提供了一项有价值的公共服务，正确地认识空置物业，并为这些遗弃构筑物和空置土地找到了临时再利用功能。这些滑板运动者再利用了需要立即赋予用途的土地和构筑物，帮助街区在衰退中获得了某种繁荣——而不是死亡。

---

　*　［译者注］掠夺性贷款：指贷款人在贷款发放过程中向借贷人施加不公平、欺骗性和误导性条款，从而损害借贷人权利的行为。

第二个值得注意的是非政府组织的应对和洛厄尔—杰斐逊居民的行动。在2008年末，洛厄尔—杰斐逊居民对城市政府在解决住房遗弃问题上的无力作为深感绝望。在"洛厄尔居民协会/家庭联盟"的召集下，居民自发完成了一份详细记录街区衰退现状的报告。这份26页纸的报告精确地指出了47街区的遗弃住宅和其他危险情况的地址，对每处房产还附上描述文字和照片。这种基层行动的很多方面都让人钦佩，特别是最后直接附上了216个签名（当地居民）和一张主要倡议者的集体照，这让人十分震惊（图7.10）。

斯威伦金市长同样深受影响，迅速将报告整合到洛厄尔—杰斐逊社区计划中，要求政府机构集中力量，努力改变这个陷入困境的社区。

第三个非政府主体应对止赎危机的方法是弗雷斯诺居民为推动邻里友好采取的行动。虽然没有广泛推广，普通市民自愿灌溉草坪，清扫人行道垃圾，修剪杂草。我遇见的从事邻里友好行动的居民，大多数主要还是出于自身利益考量，担心如果临近地块开始衰败，自己的房产价值可能会受损。一位当地官员认为，共同关心街区的废弃住房的确会建立社区凝聚力，但是在大约一年以后，居民也会感觉到疲倦。

当东北/加州的废弃住宅前的下水道污水溢出到街道，"整个街区的人都来了，每个人带着一个绿色的罐子，我们收满了8-9罐子的垃圾，我们开始浇灌草坪。在一些街区，邻居会团结起来。"

图7.10　洛厄尔居民协会/家庭联盟成员的集体照，收录在要求斯威伦市长对街区废弃住房采取行动的报告第7页

也许比下水道更糟糕的案例是，东北 / 加州的部分住宅进入止赎状态，业主抛下住房和狗离开了。"街区居民开始自发给狗喂东西吃"，一位居民说。

总的来说，城市官员强烈支持这些社区行动，但是有关城市用水的争端，使得志愿者为别人长期浇灌草坪成为非法行为——弗雷斯诺的某人在浇灌街区草坪时收到了罚单。在弗雷斯诺的个别业主和社区协会，邻里友好行为被写进了社区规则和条例中，要求居民承担起业主失踪房屋的保护和维护开支。在后面的奥兰多和菲尼克斯章节中，我将再次讨论这些协会的作用。

精明收缩的机遇

有句老话说："你规划不了未来，你所能做的只是管理好现在。"弗雷斯诺试图通过加利福尼亚州复杂的增长管理过程来规划未来，通过增长管理来提高已经超出当前需求的城市公共服务、道路和住房供应能力。当城市陷入了物质环境设施超过服务人口需求的困境时，弗雷斯诺获得了探索精明收缩的机会。

从某些方面看，城市政府已经开始进行精明收缩。例如，洛厄尔街区从提高生活品质出发，致力于降低某些居住区的密度。缓解区域的水源危机，这是城市重新思考其物质空间足迹的第三重价值。

当前洛厄尔街区的很多规划行动与精明收缩的关键议题相当一致。政府将"经济发展部"改组为"市中心和社区振兴部"，这就是关于地方政府能够做什么和应该做什么的强有力声明。政府部门的目标不是去创造新工作岗位或吸引新居民来定居，而更应当关注如何提高人口收缩后留守居民的生活品质。这些规划所缺乏的是与高止赎率、大量废弃房屋和低密度街区愿景相一致的工作方法。

在之前的分析中，我证实了大洛厄尔—杰斐逊社区是该市中密度最高的地区，但在 2006—2009 年间，其密度下降了 3%。持续的下降趋势意味着街区未来将有机会变得更低密度，密度水平逐渐接近其他城市社区。再利用洛厄尔—杰斐逊的废弃住宅和空置土地，可以给社区提供更好、更便利的设施，例如公园、社区花园和休闲场地，也可以将更多多户住宅改造为单户住宅。通过物质空间改造，城市可以调动资源把街区变得低密度（沿反向截面模型发展），同时避免通常与这种转变相伴的衰落与荒废。

政府在塔区获得的成功，激励着规划师把类似的政策方法应用于整个城市。本章之前描述过，城市的整体战略是在主要的商业轴线和节点上提高密度，而在居住区降低密度。如果成功实施，这种方法是能够使得受止赎危机和住房废弃影响区域的住房密度降低的。对实施这一战略有益的具体政策措施包括：城市征收废弃住宅土地、拆除废弃住宅、将空地改造为非积极用途（如前文描述的洛厄尔街区）。总的来看，这些政策可以有效地帮助城市社区沿反向截面模型演化——并通过城市设计和景观修复来保护生态区的整体性。

缓解城市的水源危机，这也许是当地官员选择精明收缩的第三个原因。本章的最开始，我写到水资源短缺是如何使成百上千英亩的农田在经济危机中丧失农业生产能力。这种影响导致就业率下降，进而也会导致人口下降，最终带来住房单元减少。城市官员把水源减少归咎于气候变化引起的频繁干旱。一位城市官员说："水危机即将到来，沙漠在慢慢扩大。"

精明收缩不会把即将发生的环境灾难看作是危机，而是将沙漠的扩张看成是收缩弗雷斯诺的机遇。在城市南部出口处有一个醒目的标志牌，上面写着："你正离开美国最美好的小城市。"由于环境变化导致农业发展的机遇消失，弗雷斯诺可以略调整这个标语，写成："你正离开美国最美好的、更小的城市。"

预料到未来农业就业率将降低，弗雷斯诺应当为更少工作、更少人口、更少住宅来进行规划：更小的城市。应对水危机的传统政策方法是：要么直接解决水源问题；要么重塑城市经济基础，摆脱农业依赖。这两种传统应对方法都充满问题，相关研究文献进行了深入的分析（Scott，1998；Mitchell，2002）。在干旱区域增加水源供应是非常昂贵的，并可能会导致更严重的环境损害（Worster，1985）。将整个城市的经济基础从农业转向其他产业，同样也需要巨额资本投入并且面临相当高的投资风险。弗雷斯诺独特的区位和人口资源优势，使其经济在过去百年中依赖农业顺利发展——弗雷斯诺还能够给世界经济做出什么贡献，这尚且未知。美国的经济发展历史中充斥面临类似危机的城市，但只有少数城市能真正成功地重塑自己（Rust，1975）。

小结

2005年左右时的弗雷斯诺，城市精英阶层向往这里丰富的工作、人口和住宅。针对日益干旱和供水缺乏的环境灾难，关注管理增长的区域蓝图项目是一种合理的应对措施。但该应对措施的根源性问题在于（也是区域主义者的根源性问题），事实上增长并不是必然的。假设人口充足，外生要素（如增长）一直会发生，因而我们必须为增长进行规划。这种情况仅出现在经济周期的上行阶段。2009年左右（经济大萧条中），在弗雷斯诺对抗城市蔓延就像堂吉诃德对着想象中的风车敌人发起冲锋——而现实中根本没有增长，也没有蔓延。相反，弗雷斯诺区域/城市正面临着史无前例的社区空置，而区域规划师的脑子仍然坚持着努力防止蔓延的伟大想法。

蓝图项目的明确目标是减少车辆里程数（VMT）、提升空气质量和降低住房价格。一劳永逸，大萧条很快就实现了所有这些目标，解决了中央谷地的这些问题。经济状况下滑使得人们开车更少，反过来也改善了空气质量。经济不景气使得房价降至十年内最低，住房市场向各种收入水平的购房者开放。

在滑板运动纪录片《弗雷斯诺》中，一位美发店工作者在有关经济危机和城市空置的采访中说："我的很多高中朋友进入了大学，然后在洛杉矶和旧金山这样的大城市找到了工作，但是需要有人留下来，所以我就留下来了。"并不是所有人对故乡都有依恋，但确实有人如此。在一部关于俄亥俄州扬斯敦长期经济衰退的长篇探索型纪录片中，一位老居民也说了同样的话：

然后，［公司］决定离开，就当作"倒霉，跟着我们……我们要把工作带到阳光地带，如果你想工作，跟我们一起去。"我们知道你对［Mahoning］中央谷有很深的感情，朋友和家庭都在这儿，这里墓地里有你的亲人，你也许想在纪念日给他们的坟墓献花，这些都不重要。最根本的底线是金钱、利益。只要利润在那里，他们不在乎抛弃的是谁。

［June Lucas，引用《扬斯敦呐喊》（Shout Youngstown，Greenwald and Krauss，1984）］

对于那些依恋弗雷斯诺的人，他们应该留下来，并帮助建设社区、投资社区，为更少的人口重塑城市。对于那些没有什么依恋，并且乐于离开去特大城市寻找更多机会的人，那也随他们去吧。露西和菲利普斯（Lucy，Phillips，2000）的对于郊区衰落的研究分析告诉我们一个简单的人口学事实，大多数美国人是流动的，任何城市的工作必须对外来人口保持吸引力，才能从那些不断流动的人群中补充人口。为了使得城市保持吸引力，并不仅仅是维持就业岗位的增长，还依赖于保持人口与住房单元数量相匹配，以及社区其他物质空间层面的改善——精明收缩可以帮助弗雷斯诺实现这些。

第8章 荒漠中的无限增长？菲尼克斯的衰落

1985 年，约翰（John）和贝基·托尔曼（Becky Tollman）搬到菲尼克斯打算开始新的生活，和那时候很多来这里的人一样。从 19 世纪末开始，荒漠谷吸引了许多想要远离亲人、朋友和同事来追求新生活的人。重新开始的快感、沙漠地区的独特气候和充足的就业机会，推动了菲尼克斯地区成为世界上极少几个高速发展地区之一。过去 100 年中，菲尼克斯都市区的面积每年增长8%，是全美其他百万以上人口城市平均增长率的两倍（Arizona State University，2003）。在 2001—2006 年间的经济繁荣期，当地的就业岗位从 160 万急速增长到 190 万（Arizona Department of Commerce，2010）。

为了在这个不断发展的大都市立足，托尔曼以不到 20 万美金的价格购买了一套三居室牧场风格住宅，抚养了两个孩子。2006 年，一位女士按响了他家的门铃，说愿意出 100 万美金买下他们的房子。他们在几个星期内就卖掉了房子，并搬到离他们外孙们近一些的加利福尼亚——这次他们每月花几千美元租了一套公寓。他们卖出房产的时机刚刚好。2006 年止赎危机不断扩大，菲尼克斯正是几个"重灾区"之一。信贷违约导致很多房产被弃置，房价因此大跌，越来越多的业主"资不抵债"——导致了更多房产被弃置。

杰克（Jack）和丽贝卡·康托尔（Rebecca Cantor）是住在托尔曼隔壁几十年的老邻居。之前也有投资者想要花大价钱购买康托尔的房产，但是他们不想远离家人和朋友，决定留下。就像扬斯顿那些钢铁工人家庭一样，康托尔家不想搬走，只想离埋葬他所爱之人的地方近一些。随着老邻居纷纷离去，他们迎来了一批对菲尼克斯并不太钟情的新邻居。一部分是只想倒手房产发财的投资者；另一部分是负债累累并随时可能面临止赎问题的年轻夫妇。仅用三年时间，这个曾经稳定的中产阶级社区竟以一种意想不到的方式快速衰退。

在康托尔家街道上有两栋空置房屋，那里杂草丛生、油漆脱落、垃圾堆积，可能还有啮齿动物出没，犯罪率比以前高很多。拾荒者有时候闯入房子、偷走铜管、拆走灯具或电器。当地年轻人在空房子里面聚会，往里扔垃圾。这些房子产生的问题并不仅限于影响本街区，它的影响具有传染性，就像树木的枯萎病。沿着这条路穿过主干道，那里的门禁社区里也上演着同样的故事：空置住房导致社区品质下降。托尔曼家的搬出正是时机，但是康托尔家和几千户像他们一样的家庭只能接受资产价值缩水和低品质的街区——整个社区的物质环境都变得糟糕。

当菲尼克斯蓬勃发展的时期，城市规划师可以规划出城市扩张的新区。但是如今呢？城市规划者们该如何解决菲尼克斯的衰退问题？寻找答案之前先要清晰理解菲尼克斯是如何发生变化的。在本章内，我勾绘出菲尼克斯市在2006—2009 年间，如何从繁荣的顶峰开始出现一系列物质空间和人口变化。我的研究发现，菲尼克斯的人口在那个时期已经开始减少，并且很可能持续收缩。在本章的其他部分，我将研究城市官员与社区团体如何应对这些变化，及其对发展精明收缩理论的价值。

菲尼克斯城市规划与房地产开发的历史

今天被我们称之为菲尼克斯的地方，是霍霍坎人*（Hohokam）世代生活的家园。他们在史前社会建造了超过 1000 英里的灌溉渠，然后在 1450 年左右神秘地消失了（Gober，Trapido-Lurie，2006）。三百年后，欧洲人来到这片土地，企业家杰克·斯威林（Jack Swilling）重新发现了灌溉渠系统，并宣称这个定居点会像浴火的凤凰一样，在霍霍坎人的城市废墟上重生（Gober，Trapido-Lurie，2006，p，17）。[1]

如弗雷斯诺案例一样，灌溉问题是菲尼克斯农业发展的瓶颈，而古代灌溉渠系统是解决该问题的重要部分。1912 年，联邦政府大型萨拉多河（Salt River）引水工程使得 20 万亩新农田获得灌溉。农业维持着菲尼克斯不断发展，但旅游业才是城市变得知名的原因。在 20 世纪早期，沙漠干燥炎热的气候被视为治疗结核病的良药，身体羸弱的人纷纷驾车涌向菲尼克斯（Gober，Trapido-Lurie，2006）。"游客们很喜欢沙漠中清新的空气、充足的阳光，以及冬季宜人的气候。当然，必须避开炎热的夏季"（Logan，2006，p.81）。

20 世纪四五十年代，军事工业集团被引入这个区域，很多军事基地和承包商选择开设在这里。国防产业选择菲尼克斯的原因是这里"气候和广阔空间……（还有）联邦政府考虑为了避免遭受来自西海岸的空袭，而将军工企业尽可能分散布置在内陆地区"（Logan，2006，p.141）。

在这个时期，城市领导者非常积极地进行招商引资和选址决策。他们想方设法地避免引入带有空气污染的传统制造业，考虑到人们正是为了逃离这些产业才从铁锈地带搬来这里。如洛根（Logan，2006）所说：

"空气污染可能会杀死下金蛋（旅游业）的鹅。充分认识到其对社区健康、自然、自我定位的危害之后，城市领导者会优先选择无污染工业，主要是那些不会带来空气污染的电子与高科技产业。"（p.146）

他们成功地实现了这个目标，积极引进高新技术企业的同时避免任何与污染有关的重工业。到了 20 世纪 50 年代末，菲尼克斯"成为沙漠地区东南部的中心城市"（Luckingham，1983，p.312）。实际上，1959 年工程建设就业岗位数量超过了 1914—1946 年间的总和，共新建了 5060 个住房单元（Luckingham，1983，p.315）。

随着工作岗位的快速增加和旅游业的迅速发展，城市人口在没有真正的城市规划或增长管理的情况下急速增长。在 20 世纪末期，"菲尼克斯的显著增长并没有遵循任何既定的规划，而只是为了满足蛮横企业家的商业需求：由开发商决

---

* ［译者注］霍霍坎人：北美印第安人，主要位于今美国亚利桑那州中部和南部地区。

定在使他们利益最大化的地方选址建设"。这使菲尼克斯成为一个低密度、无序蔓延、缺乏可识别性、极度郊区化的城市。教育融资体系（Educational Financing System）进一步强化了这种开发模式。亚利桑那州通过拍卖其拥有的土地，然后利用其建立的信托基金来支付学校的运营费用。因此，地方政府和州政府都希望不断出售土地，这导致在城市边缘不断出现新的开发建设。

菲尼克斯蔓延式的城市形态通过"城市扩张计划"（Annexation Program）进一步巩固。这个计划正式施行时间是 20 世纪 50—80 年代，而其非正式施行直到止赎危机出现才结止。1940 年，这个城市只有 9.6 平方英里；1950 年面积达 17 平方英里；1960 年面积为 190 平方英里；1980 年，城市发展到 330 平方英里。（Luckingham，1983，p.316；Logan，2006，p.163；Gober，Trapido-Lurie 2006，p.35）（表 8.1 为 1970—2000 年间的人口和房屋销售特征）。

1970—2000 年间菲尼克斯城市范围内的人口与住房数据　表 8.1

	1970 年	1980 年	1990 年	2000 年
总人口数	595989	815424	1006209	1352639
% 白人	93.6%	85.4%	81.8%	73.5%
% 非洲裔美国人	4.7%	4.7%	5.1%	5.5%
% 拉丁裔	14.1%	14.7%	19.7%	33.8%
海外出生人口	3.7%	5.6%	8.6%	19.3%
%18 岁以下人口	35.8%	28.9%	27.1%	28.7%
%64 岁以上人口	8.7%	9.2%	9.6%	8.1%
总户数	190011	293675	377589	477505
住房单元总数	198954	316611	430291	508999
非空置住房单元总数	190011	293231	377395	477215
% 非空置住房单元数	95.5%	92.6%	87.7%	93.8%
上一年家庭平均收入	$9975	$19568	$36554	$54168

资料来源：美国人口普查局，人口普查 1970—2000 年摘要文件 1；Geolytics，社区变化数据库

在 20 世纪 80 年代，拉克汉姆（Luckingham）说菲尼克斯居民有两个核心价值观：增长和生活品质。据他的观察，这两个价值观将最终出现矛盾，城市的发展将必须在两者之间进行取舍。在同一时期，珀夫（Perioff）也研究过菲尼克斯。他批评城市的规划行为忽视了城市经济衰退和人口减退的可能。

规划师忽略了整个区域和国家城市体系可能会出现变化。这些宏观条件曾经是菲尼克斯好运气的源泉。那么，未来什么样的变化可能会使菲尼克斯的好运气发生转变呢（Perloff，1980）？

重视增长结果而不是生活品质，再加上根本不考虑未来非增长情景的基础设施规划，两者结合在一起，导致城市在 21 世纪走上了过度开发建设和过度依赖房地产的道路。

2002—2005 年间，城市发放的单户住宅建筑许可数量从 6629 个增长到了 11216 个，增加了 69%。同样，城市每年发放的建筑许可总数增长了 53%，从 2002 年的 8631 个增长到 2005 年的 13221 个（表 8.2）。驱动疯狂新建筑增长的动力一方面来源于区域经济增长，另一方面也来源于投资者只买不住的投机行为。

随着菲尼克斯逐渐向外蔓延，成为美国又一个大都市后，有些人提出了异议。并不是所有的菲尼克斯人都希望这座城市不断地向沙漠中扩展，一个小型的激进者联盟于 1973 年成立了 "菲尼克斯山体保护组织"（Phoenix Mountains Preserve）。他们在管理增长和保护重要自然资源方面的努力，得到了广泛的认同和肯定。[2]

随着千禧年的临近，菲尼克斯山体保护组织的保护意识再次在区域内燃起。在亚利桑那州立大学的带领下，一个包含市民、私人企业、政府和教育机构的行动联盟共同为菲尼克斯的新世纪发展制定了一份规划——《大菲尼克斯 2010 规划》。这份规划运用人口预测方法提出，城市的增长历史还会以相似的速度继续，到 2050 年城市还将新增加五六百万人口（Arizona State University，2003）。这个规划也呼吁采用区域主义者的理念：即新城市主义发展模式（如同时期弗雷斯诺施行的 "蓝图项目" 一样）。《大菲尼克斯 2010 规划》建议将开发集中在现有的城市范围之内，主张保护开放空间和公共空间，提倡步行导向型和公交导向型的发展。

在这个大型规划项目推进的同时，城市开始重新调整其区划法规和规划审查程序，开始将这些理念植入规划体系，并且开通运行了一条新的轻轨路线。从结果看是成功的，城市走在了全美大城市进行增长管理实践的前沿。[3] 当 2006 年止赎危机冲击菲尼克斯时，这些前沿的规划与远见并不适用于新出现的发展问题：衰退。

2002—2009 年间菲尼克斯发放的建筑许可数据　　表 8.2

	2002	2003	2004	2005	2006	2007	2008	2009*	2002—2005 变化	2006—2008 变化
单户家庭住宅	6629	8686	11667	11216	7897	5306	2089	1358	69%	−83%
许可总数	8631	10689	13671	13221	9903	7313	4097	3896	53%	−61%

* 2009 年数据基于 1 月 1 日至 10 月 17 日的数据线性外推估计，1 FAM=1075，M-FAM=6，PERM=2084

资料来源：菲尼克斯建设局

变化中的菲尼克斯，2006—2009

《大菲尼克斯 2010 规划》基于过去人口增长数据来预测未来的人口。这是有一定道理的，菲尼克斯在历史上基本一直处于增长状态，且近期增长特别明显。2000—2005 年间，城市人口增长了 11%，从 1327375 到 1473223 人。这种增长中部分来源于城市扩张，而另一部分来源于住宅房地产的推动（创造了菲尼克斯 18% 的工作岗位）[4]。2006 年初，房地产受到巨大冲击，止赎住房数量开始疯狂增长，整个地区失去了一个经济支柱。止赎的案子从 2005 年的几百件增长到 2009 年的 8000 件。到了 2009 年，银行收回的止赎的空置住宅已经达到 3801 个，未来预计还将增加数千个。

止赎危机之后，一些城市政府收集的指标数据表明城市人口数量已经开始下降。例如，城市活跃用水账户数量已经下降（2008—2009 比 2007—2008 财政年度减少了 5600 个），城市垃圾收集量也在减少（2007—2008 比 2006—2007 财年少了减少了 2%）（Clancy and Newton，2009）。

建筑许可的发放数据显示，2006—2008 年间发放的单户住宅建筑许可减少了 83%，从 7897 个下降到 1358 个。所有类型的建筑许可的发放数量也从 2006 年的 9903 个跌着 2009 年的 3896 个。当止赎住房量累积，房产价格随之暴跌，普通的新建建筑工程行业也被摧毁。

全市 USPS 数据显示，2006—2009 年间菲尼克斯的非空置住房数量一直保持适度增长（图 8.1）。但是，在全市 43 个邮政区中的 23 个（超过了一半）在这三年里出现了非空置住房单元减少。在住房单元减少的邮政区中，平均损失率是 3%——对于曾经一直增长的城市而言，这不是个小变化。

像其他蓬勃发展的阳光地带一样，菲尼克斯未来的人口数量预测仍然有很大的不确定性。许多经济学家认为近期人口和就业减少的本质是短期性的和周期性的。即使整个城市能够成功复苏并重新增长，未来的增长将会如何影响目前增长 / 收缩不等的社区，肯定仍然会存在差异。如果经济学家判断错了，城市的衰退持续几年之久，则可以一种新类型的规划来思考如何应对未来的人口变化，将转变看成为提高留守居民生活品质的一种机遇。

面对未来的不确定性，城市政府如何给菲尼克斯社区提供必要的公共服务成为当前不得不面对的问题。大家一致认为，废弃的游泳池是当前最大的问题。一位管理员说："游泳池里的蚊子可能会传播各种疾病。"从市政厅到社区街道都可以感受到这样的担忧。一个社区组织的领导者估计 2009 年止赎住房数量将达到 4 万个，并预计 2010 年还会出现 10 万个。

表 8.3

2006—2009 菲尼克斯邮政区非空置住房模式

研究社区	邮政编码	2000 人口普查					美国邮政局邮寄活跃住宅统计					
		LISC 止赎评分（跨州止赎组成评分）*	社区名称	总人口	总住房单元数	土地面积（英亩）	非空置住房单元—2006 年 2 月	非空置住房单元—2009 年 2 月	从 2006 年 2 月—2009 年 2 月非空置住房单元变化	每英亩非空置住房单元—2006 年 2 月	每英亩非空置住房单元—2009 年 2 月	%2006 年 2 月—2009 年 2 月的变化
	85003	1		9252	3524	1229	3638	3620	-18	2.96	2.94	-0.5%
	85004	0.6		4608	2320	1319	2059	2132	73	1.56	1.62	3.5%
	85006	16		31616	9792	2500	9041	8856	-185	3.62	3.52	-2.0%
	85007	6.1		15986	5488	2913	4534	5032	498	1.56	1.73	11.0%
	85008	22.2		56379	19552	6546	20607	20402	-205	3.15	3.12	-1.0%
	85009	55.9		56034	13832	10061	13052	12811	-241	1.3	1.27	-1.8%
	85012	1.8		6276	3552	1360	3339	3361	22	2.45	2.47	0.7%
	85013	2.2		20842	10268	2348	9920	9431	-489	4.22	4.02	-4.9%
	85014	4.8		28516	14367	2687	12996	12228	-768	4.84	4.55	-5.9%
	85015	17.4		42696	16597	3143	15166	14713	-453	4.83	4.68	-3.0%
	85016	6.7		36417	18354	5086	16755	16460	-295	3.29	3.24	-1.8%
	85017	46.4		40385	13835	3354	12116	11806	-310	3.61	3.52	-2.6%
	85018	3.7		38786	18868	6557	17920	17525	-395	2.73	2.67	-2.2%
	85019	34		25587	8104	2338	7939	7798	-141	3.4	3.33	-1.8%
∨	85020	5.9	桑尼索普	34721	16648	6165	16805	15951	-854	2.73	2.59	-5.1%

研究社区	2000人口普查						美国邮政局邮寄活跃住宅住宅统计					
	邮政编码	LISC止赎评分（跨州止赎组成评分）*	社区名称	总人口	总住房单元数	土地面积（英亩）	非空置住房单元—2006年2月	非空置住房单元—2009年2月	从2006年2月—2009年2月非空置住房单元变化	每英亩非空置住房单元—2006年2月	每英亩非空置住房单元—2009年2月	%2006年2月—2009年2月的变化
	85021	6		37998	16235	4271	15810	15513	-297	3.7	3.63	-1.9%
	85022	5.1		44673	20339	5693	21381	20944	-437	3.76	3.68	-2.0%
	85023	7.8		33314	14190	4964	12994	12634	-360	2.62	2.54	-2.8%
	85024	3.7		19324	7728	10367	8163	9537	1374	0.79	0.92	16.8%
	85027	19.5		38569	16519	43756	16220	15250	-970	0.37	0.35	-6%
	85028	1.5		20565	8347	4007	8150	8198	48	2.03	2.05	0.6%
	85029	28.2		46248	18672	6659	17778	16853	-925	2.67	2.53	-5.2%
	85031	52		28731	8101	2616	8184	7848	-336	3.13	3	-4.1%
	85032	17.2		69189	27888	8010	27137	26657	-480	3.39	3.33	-1.8%
∨	85033	100	玛丽维尔	53748	15472	3880	15655	14901	-754	4.04	3.84	-4.8%
	85034	2.5		8665	2606	7429	2258	1953	-305	0.3	0.26	-13.5%
	85035	62.8		44664	12693	3725	12925	13054	129	3.47	3.5	1.0%
	85037	79.5		33150	10147	5183	12300	13004	704	2.37	2.51	5.7%
	85040	37.9		62948	18976	12186	8636	8935	299	0.71	0.73	3.5%
	85041	59.8		32297	8567	13153	14529	15601	1072	1.1	1.19	7.4%
	85042	32.5		—	—	—	13242	13185	-57	—	—	-0.4%

续表

| 研究社区 | 2000 人口普查 | | | | | | 美国邮政局邮寄活跃住宅统计 | | | | | |
	邮政编码	LISC 止赎评分（跨州止赎组成评分）*	社区名称	总人口	总住房单元数	土地面积（英亩）	非空置住房单元—2006 年 2 月	非空置住房单元—2009 年 2 月	从 2006 年 2 月—2009 年 2 月非空置住房单元变化	每英亩非空置住房单元—2006 年 2 月	每英亩非空置住房单元—2009 年 2 月	%2006 年 2 月—2009 年 2 月的变化
	85043	48.6		10820	3276	14563	7641	8849	1208	0.52	0.61	15.8%
	85044	2.8		39892	17964	18946	17780	17490	−290	0.94	0.92	−1.6%
	85045	0.8		4558	1589	2072	2302	2529	227	1.11	1.22	9.9%
	85048	3.5		33431	12461	6793	12638	12595	−43	1.86	1.85	−0.3%
	85050	3		19177	7454	5532	8832	10356	1524	1.6	1.87	17.3%
	85051	43.1		41307	16278	4043	15445	15344	−101	3.82	3.79	−0.7%
	85053	17.4		28460	11014	3119	11419	11095	−324	3.66	3.56	−2.8%
	85054	0.7		2032	834	5448	1562	2273	711	0.29	0.42	45.5%
	85085	5.3		577	244	10669	4300	5724	1424	0.4	0.54	33.1%
	85086	12.8		8655	3157	32459	12521	13853	1332	0.39	0.43	10.6%
	85087	2.9		3524	1455	48578	1709	2597	888	0.04	0.05	52.0%
✓	85339	23.3	拉文	6346	1987	65192	5499	10535	5036	0.08	0.16	91.6%

* 地方行动倡议支持组织的止赎项目；表 1：2008 年 11 月，http：//www.housingpolicy.org/./foreclosure-..response。

调整之后的使用房屋占用面积包括北部 MT 保护地，约占 85020 的土地面积的三分之一。

未调整值如下：

每英亩非空置住房单元——2006 年 2 月 =4.13；每英亩非空置的住房单元——2009 年 2 月 =3.92

%2006 年 2 月—2009 年 2 月变化 =−0.5%。

菲尼克斯的三个社区

与弗林特和弗雷斯诺案例研究一样，我将深度剖析菲尼克斯三个社区案例，以便掌握 2006 年房地产崩溃之后社区出现的变化。在研究了 USPS 数据并咨询了几个知识丰富的菲尼克斯老居民之后，我选择了受到了止赎危机严重冲击的三个社区，它们分别代表了不同类型"生态区"（见第 5 章）：高密度的城市区（生态区 5）、中等密度的郊区（生态区 4）和低密度的乡村（生态区 3）。城市区选择的是桑尼索普（Sunnyslope），这大概是菲尼克斯最古老、最具历史底蕴的社区。位于郊区的中密度社区玛丽维尔（Maryvale）是据"地方行动倡议支持组织"

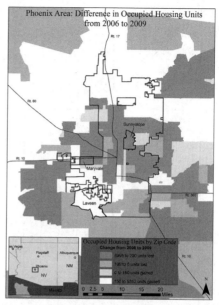

图 8.1　2006—2009 年菲尼克斯地区非空置住房单元变化（分邮政区）

（Local Initiatives support Corporation，LISC）评价止赎风险最高的地区，它也是 20 世纪 50 年代该区域首个根据规划设计进行整体开发的社区。农村 / 郊区社区拉文（Laveen）在前期调研中反复被受访者提到，说它是菲尼克斯止赎危机的重灾区。由于它被 USPS 划定为城区之外，所以并没有出现在 USPS 数据中（表 8.3）。这种划分的原因是，社区一半被纳入菲尼克斯城区，另外一半则没有。但是，并入城市的部分正好位于没有并入区域的旁边，这使得它们之间的差别很难察觉。

桑尼索普（85020）

1927 年，传教士、医生、病人以及家庭最初建立这个定居点，命名为"桑尼索普沙漠传教所"。该社区成为东北和中西部寒冷和恶劣气候的治疗避难所（Gober，Trapido-Lurie，2006）。慈善家约翰·林肯（John C. Lincoln）来这里照顾生病的妻子，并在其妻子康复后决定在这里开设了一家医院。这个社区很快就创造了辉煌的历史，成为全国第一所提供免费牙科护理的医院，并开创了将身体与心理相结合的新疾病治疗领域。

倚靠菲尼克斯山保护区，这个社区位于高处，可以同时俯瞰城市的辽阔风光并仰视山脉的壮丽景色。建于 20 世纪上半叶的大部分房屋仍然还保留着，但是 20 世纪 70、80 年代也建造了许多低品质的多户住宅。在老房子中，历史建筑的比例非常高（对西南部地区而言）。在附近漫步，可以看到数十座经过修复的历史建筑（图 8.2）。在 20 世纪 90 年代和 21 世纪初期，豪华的门禁社区出现在社区的周边，与周边大部分地区的贫困形成鲜明反差（图 8.3）。

图 8.2　桑尼索普汤丽大道第四街的修复历史建筑（照片来源于玛格瑞特—温那—史密斯授权）

图 8.3　新建的"山中园"（Mount Central Place）门禁小区，位于桑尼索普边界和北山保护区下

从人口统计数据看（根据2000年人口普查*），社区大部分由白人（83%）和拉丁裔（23%）构成（表8.4）。但是，我实地调查发现，拉丁裔人口正在增长，并且非洲裔美国人人口也在缓慢增长。此外，社区中65岁以上的居民比例异常高（为13%，全市的比例为8%）。

社区层面的人口统计和住房数据，菲尼克斯，2000　　表8.4

社区	总人口	% 白人	% 非洲裔美国人	% 拉丁美洲人	%<18岁	%>64岁	总住房单元	非空置住房房单总数	% 非空置住房单元
85020 桑尼索普	34721	82.5%	2.5%	23.4%	21.4%	13.3%	16648	15284	91.8%
85033 玛丽维尔	53748	55.4%	8.3%	56.3%	37.5%	4.8%	15472	14991	96.4%
85339 拉文	6346	38.4%	1.5%	22.7%	23.1%	7.5%	1987	1865	93.9%

资料来源：美国人口普查局，2000年人口普查摘要文件1

历史上的桑尼索普就是一个有组织的、以公共卫生为导向的地方，整个社区持续关注建筑环境和健康问题。约翰·林肯医院资助了一个非营利组织——"沙漠传教所街区重建"（Desert Mission Neighborhood Renewal）。这个组织致力于研究建筑环境和健康问题。其作为联络各种社区发展活动的纽带，建造了经济适用房，并努力推动桑尼索普的商业发展。

2006—2009年间，整个社区失去了854个住房单元。考虑到周边新建了很多豪华的门禁社区（表8.3），这是一个非常高的数字。从非空置住房单元密度数据上可以发现问题。根据表8.3，桑尼索普的住房密度似乎相对较低，但这是因为该邮政区1/3的总土地面积是菲尼克斯山保护区。如果根据调整之后的邮政区总面积计算，2006年非空置住房单元密度应为4.13，2009年的为3.92，下降了5%。

实地调研、访问老居民和社区领袖证实了以上结论。我亲眼看到了数十座废弃建筑和很多不再使用的住房（图8.4，图8.5）。即便是使用中的住房，许多建筑也都维护不善，状况不太好。

受访者常常会谈到止赎危机给社区带来的严重影响。他（她）们说，第一

---

* ［译者注］在2000年人口普查中，拉丁裔的身份类别与白人或黑人并不相互排斥。

图 8.4　桑尼索普第 1 街的封闭单户住宅，草坪枯萎且无物业维护

图 8.5　西桑尼索普名为"山景"（Mountain View）的遗弃多户住宅，破损的"出售"标志牌伫立在沙漠草皮上，这是业主（或借贷方）缺乏维护的标志

波止赎浪潮是由于次级抵押贷款造成的，但是，第二波止赎更多是由于失业的原因。在桑尼索普，当业主离开时通常会带走灯具和电器。一位社区领袖说："一半的业主在被赶出家门时会拿走电器、吊扇、门和橱柜。"如一位居民说的，问题和"房屋整体价值"无关，不管房子价值15万美元还是100万美元，"他们都会抛弃它"。

玛丽维尔（85033）

1954年，约翰·F·隆（John F. Long）以纽约长岛郊区莱维顿（Levittown）模式 *，建设了菲尼克斯第一个开发项目（Gober, Trapido-Lurie, 2006）。玛丽维尔是以约翰的妻子玛丽来命名的，虽然该社区最初规划在菲尼克斯城外，但很快就被并入城市——这种将郊区逐步融入城市范围的模式，成为菲尼克斯的典型发展形式。玛丽维尔的尽端路和宽敞后院也成了菲尼克斯作为一个郊区城市的典型特征。

与以公共卫生和人道主义为导向、历史悠久的桑尼索普不同，玛丽维尔一直没有正式的社区组织，直到1990年"玛丽维尔复兴组织"（Maryvale Revitalization Corporation）才成立。这个相对较新的组织在这个老社区中展开了积极的活动。玛丽维尔的大多数住房有40–50年的历史，需要大翻修（图8.6）。为了在衰退的环境下提高房产价值，一些投资者将单户住宅改造成双拼别墅，或将车棚改建为住房单元。这与在弗林特看到的演化过程相同，单户住宅被改造成多户住宅，然后，一旦房屋变得不安全或失去营利能力，"推土机或火灾"会让它们消失。到目前，玛丽维尔还很少有纵火案和强制拆毁，但从弗林特的经验猜测，这些事情不会太遥远了。

玛丽维尔社区邻近菲尼克斯中心区，总体来说非常便利，但是高犯罪率导致这个社区吸引力不大。购房者宁愿在离城市20–30英里以外的地方买新房子，也不愿意用同样的价格在玛丽维尔购买并翻新住宅。高犯罪率一方面是由于止赎危机的影响，另一方面也是由于街区社会经济方面的结构性问题所导致。全美各地有数百个社区都面临相似困境，而玛丽维尔的应对方法也许可以为其他社区提供宝贵的经验。

毫不夸张地说，玛丽维尔的止赎危机是全美最严重的。如前所述，在LISC评价得出的全国止赎危机排行榜上，玛丽维尔位居榜首（得分100%）。同样，马里科帕县统计了2006年1月—2008年9月间各地止赎住房数量，玛丽维尔在135个邮政区中排名第五（共有1090个止赎住房）（Maricopa

---

* ［译者注］莱维顿模式：是美国二战以后以装配式、批量建造的方式，大规模、低价格地规划建设城市郊区住宅片区的商业开发模式。

图 8.6　20 世纪 50 年代玛丽维尔典型的牧场风格单户住宅

County，2009）。对于只有 15000 栋住房的社区来说，这是一个非常糟糕的统计数据。

USPS 数据显示出相同的变化趋势，2006—2009 年间社区共减少了 754 个住房单元，非空置住房单元密度从 4.04 降至 3.84（减少近 5%）。玛丽维尔的"托马霍克街区守望协会"（Tomahawk Block Watch Association）收集的数据更加惊人。2009 年 3 月，该协会挨家挨户地进行确认，在近 1000 个单元的开发项目中总共发现 345 个空置住房。在这些空置房中，协会工作人员最担心的是那些"孤儿"物业，没有人真正关心这些房产的保护、维护或再利用问题。345 个空置房屋中，共有 137 个孤儿物业。

到目前为止，整个社区还没能很好地从止赎冲击中恢复过来。据一位居民描述："我们有一些被封起来的房屋，孩子们会闯进去或破坏房子。"另一个人接着说："有些人在半夜搬走了，把大门都拆走了。"没有大门的房子，沙漠气候很快就会破坏掉里面所有（还没有被人破坏掉的）东西。一般情况下，当房主搬走时只是在前院堆放垃圾，这造成虫害和相关的问题（图 8.7）。不管前业主以什么方式搬离建筑，一些居民依旧认为这些孤儿物业有很高的价值，但这些房子仍旧无法吸引新的购房者，也没有展现出任何创造收益的可能。

图 8.7　当业主被迫搬离的时候，常常会将垃圾和废物抛弃在前院，就像玛丽维尔德文郡大道上这个单户住宅一样

拉文（85339）

一个以奶牛装饰的标志牌"欢迎来到拉文"，在菲尼克斯南部迎接着游客来到这个广阔乡村 / 郊区。拉文是一个以乡村遗产为特色的大片农业土地，距菲尼克斯市中心仅 10 英里，盛产棉花、西瓜和葡萄。

几十年中，这个地区一直是属于马里科帕县管辖的非城市化地区。但自 20 世纪 80 年代以来，这里的新住房的数量稳步增长。马里科帕县的水源匮乏是众所周知的，缺水导致不适合进行房地产开发。因此，只有将这个地区纳入到城市版图并接入城市供水系统之后，土地的所有者才有可能将土地进行居住地产开发。菲尼克斯对纳入城市土地基本要求是，必须与现状建成区毗邻。这项要求创造了一种奇异的、网络状的城市化用地格局，穿插在网格之间还保留有了很多非城市化地区。

21 世纪初，拉文突然出现了大批量居住和商业新建项目。几乎全是低密度、汽车导向的、传统的城市蔓延，拉文的规划师一直致力于用新城市主义理论和截面模型来引导新的增长。在一次调查过程中，一位社区领袖指着了一个新建的沃尔玛购物中心，吹嘘着一些由于社区活动者的坚持而植入的建筑设计元素。这很难被看成是反对增长抗争的胜利。拉文社区需要等到 2006 年，开发建设的压力才会真正缓解。

　　根据 2000 年人口普查，在拉文 65192 英亩的土地上仅有 6346 个居民和
1987 栋住房。USPS 数据表明，建设热潮在 2006 年还在持续。表 8.3 显示，拉
文的非空置住宅单元数量在 2006—2009 年间从 5499 个增加到 10535 个，几乎
翻了一番。而马里科帕县收集的 2006 年 1 月至 2008 年 9 月数据中列出了 688
个止赎房产（全县第 12 位）。至此，住房增长速度数据才略显缓和。

　　在拉文社区周围开车兜一圈就可以证实这两项统计数据。至少有一半的住
房建于 2005 年以后，而且整个地区空置现象严重，大概 25%–30% 的住房看上
去是空的。通过一个例子，就可以说明研究拉文土地利用情况的问题所在。我
实地调研了席尔瓦山（Silva Mountain）住宅开发区。"出售"标志牌都损坏了
或者不见了，阳光照射下的这些全新的半成品建筑群都空置着（图 8.8）。有一
小部分房屋似乎还在被使用，而更多的房子是空置的，还有至少一百多个可用
于建造的地块闲置。这些项目的情况并不会反映在 USPS 数据中，因为绝大多
数空房子从未被使用过，也就是说，从未收到过邮件。在街对面是另一个 2006
年建成的新住宅项目。这个居住区曾经住满居民，但现在"出售"和"出租"
的标志牌无处不在，还有几个空置单元连标志牌都没有（如玛丽维尔的孤儿
物业）。

　　将这两个开发项目一起考虑，烂尾项目中的 USPS 数据显示非空置住房单
元增量仅为 10–15 个。在大量空置的项目中，大约有 750 个非空置住房单元增
量，从中还需减去 50–75 个空置单元。2006 年 2 月，这些开发项目的净增量为

图 8.8　拉文席尔瓦山开发项目中这样的新建住宅已经空置了三年多

零；2009 年 2 月，净增量为 800 左右。

与在拉文生活或工作的人进行交流，会比解释统计数据更有价值。从这些访谈中我了解到，那些未开工或烂尾的住宅开发项目对街区影响很大，给当地居民带来了严重的问题。"这里有太多的空房子，它们是吸引犯罪的磁铁"一位老居民说。当我问及有关非法闯入的事。他回答说："太多了，几乎每天都会发生。"

"业主协会"（Home Owner Associations，HOA）试图通过移除空置房屋的"出售"和"出租"标志牌来降低罪犯率。所以，虽然县数据显示止赎率超过 10% 时，但一百多个空置单元外面都没

图 8.9　拉文的多宾斯角公寓，常年紧闭的窗帘是空置的标志，业主委员会和街区守望组织在积极地防范犯罪的发生，但是成效不大

有任何标志牌（图 8.9）。通过取消这些标志牌，业主协会也可能会导致空置的住房更难找到机会出售或出租，因而使问题更加复杂，最终空置时间更长。

HOA 试图通过在房产契约中加入特殊条款来禁止投资者购买住房，希望以此来留住社区的老业主。但是这些契约条款从未有效执行。2005 年左右的房地产热潮是疯狂的，投资者导致了房产价格快速上升（这当然也得到了业者和开发商的全力支持）。某位居民曾提到过一个新开发建设的住房，说只有摇号中奖的人才有资格购买。他连续四个月每周都参加摇号，但每次都落空。最后，2005 年市场转向后，开发商主动打电话给他，说摇号程序已经被取消，并欢迎他来洽谈购房事宜——价格从那时就开始就滑落，现在可能只有摇号时期价格峰值的一半。

规划／政策应对

菲尼克斯在应对止赎危机方面最引人注目的是，它坚定地否认止赎危机的深度冲击与持续影响。伴随数百万美元的投入，NSP 迫使菲尼克斯市采取行

动。但是直到本书成文时，菲尼克斯人面对严峻问题的应对措施还是有限的，且都基本无效。城市的领导人并没有将这场危机作为解决长期土地利用、环境和发展问题的机会，而是埋头在"沙漠"中，以温和的 NSP 计划作出回应，对重塑那些被衰败和遗弃破坏的社区没有任何效果。唯一的例外是在房地产崩盘开始之前施行的一个玛丽维尔社区振兴计划。

在城市和社区领袖的带领下，"菲尼克斯西部的振兴区"（the West Phoenix Revitalization Area）覆盖了玛丽维尔和城西的周边社区。为了应对持续的低收入水平和高犯罪率，在该行动计划的协调之下，各个层面的城市资源被系统性地投入该社区（与弗雷斯诺官员在洛厄尔社区的一样）（Dandekar et al.，2005）。菲尼克斯西城区也成为该市受 NSP 资助的几个区域之一。

不管从哪个指标来看，菲尼克斯收到的 NSP 资金数量都很大，比底特律和芝加哥以外的任何其他城市都要多。2009 年，NSP 给其分配的资金高达 3900 万美元，相当于 70 美元 / 住房单元。但是，该领域的社区发展专业人士仍然持怀疑态度。一位活动人士说："问题如此巨大，即便菲尼克斯获得的资金再多，也无法与其相匹配。"另一位反对全市住房改造计划，说："不要像抹花生酱一样，把资金都分散了。"

除了城市"社区与经济发展局"（the Department of Community and Economic Development）工作人员的全力投入以外，菲尼克斯庞大的"规划机器"基本上没有参与对城市未来变化的回应。事实上，由于规划局的收入主要来自房地产开发申请，然而目前房地产业已经衰败，税收收入下降导致该市裁掉了数十名规划师。在剩下的规划师中，很少有人关心菲尼克斯未来的变化。除了一个乡村规划师外，都在为城市"下一波新增长"积极做准备。

在应对止赎危机时，这种对待人口收缩的态度似乎融入了菲尼克斯规划师的意识形态中，即"规划的作用是有限的"。或者，还有人认为危机对于他们工作来说是件好事，给了他们一个进行长远增长规划的机会，可以在更大的视野下去思考未来的愿景，这是在经济繁荣时期无法做到的。

1993 年以来，该市仅在城区几个非常小的地段内思考过人口减少问题，政策应对也基本是以经济发展为导向的典型大都市规划方法。这些进行中的政策行动，主要是市政府在某些区域的住房安置和住房重建上投入大量资金。这些区域被称之为"邻里改善区"（Neighborhood Improvement Areas，NIA）。设立的六个 NIA 集中、有效地利用了联邦"固定拨款"（或称地区补助，Block Grant）。亚利桑那州立大学最近对其进行了评估（Dantico et al.，2007）。NIA 的面积都很小，最大的也只有约 5 英亩，而且整个城市只设立了 6 个。也有些社区领袖嘲笑这项政策，评论说："这些城市努力改善的区域，事实并非受止赎危机影响的地方。"事实上，NIA 与本书的研究社区之间的交集，仅限于桑尼索普内半英亩的区域和玛丽维尔半英亩的区域。

与城市政府的行动相比，非政府组织（NGO）对住房遗弃和人口减少的反应是惊人的。有两种创造性、创新性的 NGO 行动很值得一提：（1）玛丽维尔的街区守望协会开展的盘点工作；（2）拉文的业主协会的激进策略。

在上文中，我使用过托马霍克街区守望协会（TVBW）收集的数据。TVBW是在玛丽尔内某小区成立的非正式居民群体。TVBW 是该市最活跃的街区守望组织之一，它在收集数据方面的工作相当出色。2008 年 2 月，街区守望的一名成员注意到，她自己居住街道上的十几栋房子中有四栋进入了止赎状态。她很担忧，并在接下来的 TVBW 会议上提出了这个问题。TVBW 决定开始组织志愿者跟踪关注每个空置住房和待出售住房，收集其规划违法或维护不当的证据。他们编制了月度报告并提交给市政官员参考，用于游说业主采取积极行动。"我们街区守望组织相信'破窗效应'*"，一位居民解释说。

最终，就像弗雷斯诺那些浇灌邻居草坪的居民一样，志愿者的热情最终会消耗完毕。2009 年 7 月 TVBW 停止了收集数据，他们的最后一份报告是最长的，包含了有 362 个空置房地址。

在拉文社区寻找非营利性组织非常简单——在过去的 20 几年中，每个地产开发项目都会有一个：业主协会（HOA）。在这个历史悠久的乡村地带里，除了 HOA 之外几乎没有其他的第三方组织。[5] 由于菲尼克斯的郊区缺乏政府的官方介入，所以 HOA 可以施行"铁腕"统治。这些 HOA 组织的权力核心是"拉文业主协会组织"（the Laveen Organization of Home Owner Associations，LOHOA）。HOA 和 LOHOA 的经济力量来自于业主支付的物业费，随着住房遗弃的增加，支付的物业费会下降，HOA 也会陷入了巨大的困境。

HOA 坚持通过城市设计导则来严格控制"出售"和"出租"标志牌。在某些地方，标志牌只允许集中在某处放置，且仅限于某些周末或特定时间。在有些地产开发区，这些标志牌被完全禁止。HOA 担心标志牌预示着这个社区是不受欢迎的，他们觉得如果你能控制标识牌，就可以控制市场。

在拉文，HOA 的担忧是有道理的。HOA 成员会在街区内巡视，并且让人取走数十个"出售"和"出租"标志牌。虽然技术上只是在执行 HOA 的合约条款，但 HOA 如此持续不懈地重视标志牌问题，也侧面地说明了当前情况的严峻。物业费收入减少和维护空置住房的额外开支，使得业主协会的财务状态接近破产。HOA 只有增加物业费，但这么做会进一步降低其住宅价值，形成推动止赎的恶性循环。这使得作为私人政府机构的 HOA 发挥作用的能力进一步降低。

---

* ［译者注］破窗理论：指一种犯罪学理论，即一栋房子如果出现了一个破窗子，如果无人修理，马上会出现更多的破窗子。

精明收缩的机遇

菲尼克斯人口减少、失去住房，经济也面临着不确定的未来，而精明收缩为其政策应对提供了一个框架。在这个山地沙漠地区，进行除了创造增长之外的任何规划都被认为是不正确的，但如今，持续大量的人口增长这一前提终于受到挑战。几十年来，规划人员一直告诉公众，增长即将到来——唯一的问题是如何应对增长。在不断呼吁施行新都市主义精明增长的政策应对时，规划者从来没有想过会有人口下降的一天。现在，当城市及其地区处于衰退状态，规划师终于有机会为更小规模的人口来重塑城市。城市发展中的很多重大问题，如环境恶化、水和空气污染、低密度无序蔓延和房价过高等，似乎也出现了解决的可能。事实上，似乎当前的经济危机正在自动解决这些问题。而规划者面临的唯一挑战是，如何将未来更纤细、更健康的菲尼克斯，装入曾经被肥胖、臃肿的老菲尼克斯撑大的"裤子"里。

本章前面描述的"村庄规划模式"（Village Planning Model）是一项有意思的政策创新，以兼顾社区需求的方式来解决大城市的增长问题。2006 年，当城市经济增长"急刹车"时，"乡村规划委员会"（Village Planning Committee）本可以作为构想城市空间肌理的理想机构——以逐个村庄推进的方式。

菲尼克斯的"村庄委员会"是由来自不同政治团体、社区和邻里的代表组成，因此相对自治。其管辖地域范围不大，因此可以有效地提出精明收缩的愿景，并将其付诸实施。村庄委员会完全有能力完成自下而上的分析，并为社区未来的人口收缩制定相匹配的物质空间规划。既然村庄委员会可以根据精明增长战略制定增长的规划，当然可以同时为人口减少制定收缩的规划。在第 5 章节介绍的反向截面模型的基础上，委员会可以将地方规划和开发条例与生态区概念联系起来。大部分增长地区都是通过"基于形态的区划条例"完成这个工作。这些区划要求强制开发商服从于某种城市形态设计，用其来维护生态区的完整性。这同样适用于衰退的街区，但相关地方政府应该承担形态控制的责任，与社区组织和开发商一同创造性地探索空置土地和住房的再利用方式。

菲尼克斯进行精明收缩的第二个潜在策略，是由亚利桑那州立大学城市规划教授艾米莉·塔伦（Emily Talen）领导的一个行动计划——"改造菲尼克斯计划"（Retrofitting Phoenix）。该计划试图系统性地寻找城市中具有改造潜力的社区，并运用新都市主义的原则来将其改造为紧凑型、土地混合使用、公交支持、行人导向的新城市空间。在塔伦教授（2009）的工作中，她分析了可步行性、城市形态和公交可达性等指标。

在规划学院协会（the Association of Collegiate Schools of Planning，ACSP）的年会上，塔伦教授介绍了这项工作。另一位城市规划专家，芝加哥伊利诺伊大学的雷切尔·韦伯（Rachel Weber）教授建议，她的模型中可以考虑加入可以解释人口减少的变量。韦伯认为，当前再开发活动需要的土地和建筑都是现成的（由于土地和住房弃置），基于此建设有效的城市空间将更有可能实现。

这个想法可以帮助菲尼克斯官员实现所谓"创造有意义的城市、充满活力的地方"这一既定目标，同时解决城市人口下降和物质形态变化的问题。总而言之，这些目标不一定是相互排斥的，正如伯伯说的，它们有相互支撑的可能。

菲尼克斯进行精明收缩的第三个机会，在于数十个烂尾的住房开发项目。精明收缩策略中，任何烂尾项目都是最具有创意潜质的"白纸"。虽然这里的财产所有权、按揭贷款和税收拖欠问题非常复杂，但居民有必要收回部分涉及公共领域的权力，以便规划和重新利用这些废弃的小区。

那些烂尾住房的土地再利用功能可以是：野生动物保护区、公园甚至农业用地。这些土地大多数在开发之前都是农业用地，因此，将土地使用回归到农田也合情合理。但对于已经有一些居民的开发项目，改造成社区花园或货车停车场可能更有合理。而在其他地方，也许墓地或球场是合适的用途。未完成的住房开发项目是可以尽情发挥创意的画布，但不要再新建更多的构筑物了。长期来看，城市必须增长[6]——用于新建建筑是城市土地必然的归宿。事实上，如果通过基于社区的规划过程，所能带来的创新性和创造力甚至比本书中提到的想法更加精彩。

小结

在一个以其"新"、后工业经济、现代化基础设施为骄傲的年轻城市里，历史保护工作不受重视不足为奇。有百年历史的住宅点缀在桑尼索普的街道上，而 50 年左右的玛丽维尔郊区住宅定义了一种新型的城市化。经济衰退和人口减少已经开始冲击这些固有的城市肌理，但公共政策和城市规划却很少致力于保存这些空间形态。菲尼克斯的基本态度是除旧迎新，这个城市建设的初衷是在考古遗址上重建辉煌，而不是进行文物保存。这种对待过去的态度在城市规划业界（以及更广大的社会中）被认为是无情的和非美国的。然而，摧毁和重建是菲尼克斯一个多世纪以来一直在做的事情，并且也可能成为解决人口减少问题的秘诀。

在很多出现工作和人口流失的地方，对历史和过去的依恋是其遭受巨大的损失的核心原因。在扬斯敦，那些失业的钢铁工人们舍不得离开已故亲人的坟墓，而在弗林特，保护主义者致力于保留孕育美国汽车工业的原始构筑物。这些都是可敬的、高尚的品质，但是，却受到地方人口减少的巨大冲击。正是他们的不妥协和对旧建筑的热爱，使得精明收缩难以实施。而在菲尼克斯，这种保护主义思维基本上不存在，这为实施精明收缩扫除了一个关键障碍。

第 9 章　魔法王国外的废弃：
　　　　　奥兰多哪里出了问题？

在奥兰多的恩格尔伍德（Englewood）社区住了32年之后，凯瑟琳（Katherine）和她丈夫艾尔（Earl）已经无法再忍受这里的生活了。当年，他们选择搬入了这个离市中心仅几分钟路程的、繁荣的郊区社区，住进新房、新街道、新组团，那种感觉就像是在世界的巅峰。从2006年，一切开始突然发生改变。随着社区的"新"房子超过了30年期限，年代感就显露了出来。恩格尔伍德的11000栋房子，大部分都需要翻新。在经济繁荣且房价很高的时候，这样的投资对长期持有房产的业主来说是合理的。他们总是能以超过30万美金的高价格出售房产来收回装修成本。但是，房价从2006年开始急剧下降，不翻新房子才是当前业主经济上的合理决策。这导致社区房屋存量的品质普遍下降。

对凯瑟琳和艾尔来说，止赎危机导致他们社区的住房品质进一步恶化，导致房屋空置、高犯罪率、"黑"游泳池。他们厌倦了凌乱不堪的草坪、深深的杂草，再加上他们最近退休了，所以决定离开这里。他们还没有决定搬去哪儿，但肯定是"新一点"的社区。或许会搬去远离奥兰多的湖郡（Lake County），那里烂尾的小区排列在乡村道路的两侧。

迪士尼世界1971年动工建设后没几年，凯瑟琳和艾尔就定居到恩格尔伍德。他们社区的开发就是为了容纳由于奥兰多迪士尼和相关产业带来的人口增长。沃尔特·迪士尼（Walt Disney）本人是乌托邦式的规划师——他描绘的社区生活愿景既现代（顺应机器时代）又传统（在形式和美学上）。某种程度上，恩格尔伍德街区体现了迪士尼对城市郊区开发模式的一些想法——相对较大的地块，为小汽车使用预留充足的空间。但是30年过后，恩格尔伍德的光彩已经褪色，而迪士尼的另一个遗产——沃尔特·迪士尼世界（Walt Disney World）却光鲜依旧。

在研究人口减少和房产废弃时，奥兰多案例是不可忽视的。21世纪初的房地产泡沫使得住房价格像迪士尼世界的过山车一样大起大落。奥兰多是一个自从19世纪初建以来就没有停止过增长的城市，而2009年成为一个分水岭。从2008年4月到2009年4月，人口统计学家估计这个城市共流失了1000居民，而佛罗里达中部地区共流失了9700居民，整个州合计流失57294居民（Kunerth，Shrieves，2009）。

将宏观尺度的人口迁移和止赎危机（佛罗里达受到严重冲击）结合，它们对城市社区的物质形态和街区品质产生的影响是巨大的。这一章节主要探索了人口减少对奥兰多的影响，与前几章一样，还探讨了政府和非政府组织如何作出应对。

奥兰多城市规划和发展的简史

到19世纪晚期，佛罗里达中部的土著居民大多被强制驱散。19世纪80年代欧洲白人开始在奥兰多地区定居，最早以军事要塞的形式，后来又将这座城市作为县郡的中心进行建设（Shofner，1984）。几十年后，由于气候和自然资源非常适合柑橘的生产，人口稳定地增长（Mormino，2005）。但是，情况在 20世纪 50 年代出现改变，当地成功建设了一系列直接穿过奥兰多的全封闭式高速公路，使这个城市成为佛罗里达高速系统的十字路口（Fogelson，2001）。之后不久，"美国导弹测试中心"（US Missile Test Center）选址建在了奥兰多东边 50 英里处的卡纳维拉尔角（Cape Canaveral），这给这个城市带来了一大群高科技产业（Shofner，1984）。

冷战期间，奥兰多经历了增长和繁荣，但是沃尔特·迪士尼决定把迪士尼乐园（Disney Land）修建在奥兰多南部，一切都变得大不一样了。主题公园于 1971 年开业，受到了当地乡村县郡的热烈欢迎，因为迪士尼公司从他们手上购买了数千英亩的沼泽地。当时奥兰多的市长卡尔·T·兰福德（Carl T. Langford）宣称，迪士尼乐园是"这个城市自从建立以来发生过的最伟大的事情"（Mormino，2005，P.28）。

短短几年后，迪士尼就成为世界上最大的商业旅游景点，每年接待超过 3000 万的游客（Fogelson，2001）。为了给这些客人提供住宿和餐饮，以及运营这个占地 7000 英亩的庞大设施，70 年代沉睡的奥兰多迅速转变为一个现代化的繁荣大都市。城市人口从 99006 激增到 185951，而都市区内人口在 1970—2000 年间增加到三倍（U. S. Census，2000）（表 9.1）。莫尔米诺（Mormino，2005）称奥兰多是佛罗里达"最有影响力的城市"，他拥有世界级的旅游业，是其他城市羡慕的对象。

如弗格森（Fogelson，2001）认为，奥兰多的问题是太过于依赖旅游业，这带来很多隐患。尽管迪士尼带来了繁荣，但是他带来的经济体也具有结构性缺陷——大部分的工人是兼职、低薪，而且几乎没有福利保障（Judd，Fainstein，1999）。就像弗雷斯诺一样，奥兰多地区是一个永久的低收入工薪阶层的家园，这些工人很难获得突破性高薪职位（Putnam，1993）。弗格森认为政治学中的"路径依赖*"（Path Dependency）很适用于奥兰多地区（Putnam，1993）。奥兰多培育后旅游业经济的能力，提高居民生活品质和增加工人收入的能力，很大程度上受到了目前发展路径的限制。

---

* ［译者注］路径依赖：指当前条件下的决策选择很大程度上受限于过去已经作出的一系列决策，常被用来概括在历史变迁中的偶然选择对当前或未来事物发展方向的决定性影响。

1970—2000 年间奥兰多城市范围内的人口与住房数据				表 9.1
	1970	1980	1990	2000
总人口数	171129	212876	266321	307293
% 白人	80.2%	76.4%	72.8%	65.0%
% 非洲裔美国人	19.5%	21.6%	22.4%	25.7%
% 拉丁裔	1.9%	4.1%	8.8%	18.3%
外国出生人口	3.0%	5.0%	6.9%	13.9%
%18 岁以下人口	32.3%	24.5%	22.5%	23.1%
%64 岁以上人口	11.3%	11.9%	11.3%	10.7%
总户数	57237	79313	104007	123740
住房单元总数	61742	84554	115292	134276
非空置住房单元总数	57237	78918	103773	123923
% 非空置住房单元数	92.7%	93.3%	90.0%	92.3%
上一年家庭平均收入	$8799	$15405	$34003	$50286

资料来源：美国人口普查局，人口普查 1970—2000 年摘要文件 1；Geolytics，社区变化数据库

奥兰多的增长带来的另一个挑战与土地利用和城市蔓延有关。前市长兰德福特·兰德在 80 年代退休了，然后搬到了北卡罗来纳州。用他的话说："我用了 30 年的努力让人们搬到这儿（奥兰多），他们都来了（Corliss，1989，Mormino，2005）。"随着这些新人口的到来，新房子、新商店和新道路也建设了起来。实际上，佛罗里达州在《1985 年的增长管理法案》（1985，Growth Management Act）中明确要求必须进行同时开发。地方政府在支持城市增长的同时必须配建必要的基础设施。该法案并没有实现对增长的管理，反而让增长变得更加容易。低密度、缺乏地区特色的开发项目在过去 25 年中遍及奥兰多地区，而且没有减弱的趋势。到 1998 年，"塞拉俱乐部"*（Sierra Club）把奥兰多城区评为美国城市蔓延最严重的地方[1]，到 2006 年，问题甚至更加严重了（Brown et al.，1998）。

尽管新闻不断抨击奥兰多都市，但城市内城还是有稍微不同的开发模式。

---

* ［译者注］塞拉俱乐部：是美国的一个环境组织，在地方和国家两个层面发起行动，致力于有关气候变化、污染治理等环境相关议题。

虽然城区从 20 世纪中期就开始建设低密度、蔓延式的郊区式住房，但是它与塞拉俱乐部和其他的远郊开发项目相比，规模和量是非常小的。实际上，奥兰多在推广和创建传统城市社区上有着悠久的历史，而众所周知的城市蔓延式开发仅限于城市之外的地区。一位现任城市官员说："奥兰多在精明增长、混合土地使用、新城市主义等方面做得相当好，在过去 60 年里，这座城市在这方面很成功。"他继续解释了最近一些事件："过去，这个城市没有这么多的投机活动和过度开发。那时候很多事情都是合乎逻辑的，并且都符合规划。"我的实地观察和对社区领袖和居民的采访证实了这些说法。

在城市内部，几乎没有大规模的蔓延式新住宅开发——城市的东南部是唯一的例外。此外，他们一直在努力防止奥兰多城区出现孤立的飞地或门禁社区。规划局的一位官员说："在过去 10 年里，我们只批准了两个门禁小区的建设。"

但是总体上看，21 世纪第一个十年是奥兰多大规模新建住宅的时期。2002—2005 年间，每年发放的单户住宅许可数量从 642 个增加到 1104 个，增幅达 72%（表 9.2）。多户型许可数量由 2002 年的 3590 个惊人地上升到 2005 年的 4273 个。这是奥兰多主要的发展和扩张时期，城市政府官员对此非常了解。

2002—2009 年间奥兰多发放的建筑许可数据 表 9.2

	2002	2003	2004	2005	2006	2007	2008	2009*	2002—2005 变化	2006—2008 变化
单户家庭住宅	642	1299	1823	1104	769	404	223	171	72%	−78%
多户家庭住宅	3590	2697	2299	4273	4239	1516	1932	66	19%	−98%
许可总数	6234	5999	6126	7382	7014	3927	4163	6264	18%	−11%

* 2009 年数据基于 1 月 1 日至 4 月 30 日的数据线性外推估计，FAM=57，M−FAM=22，Total PERM=2088

资料来源：奥兰多建设局

从 1999 年开始，奥兰多和邻近城镇开始合作，致力于从区域的角度来解决增长问题。Myregion.org 在很多方面与菲尼克斯和中央谷地的区域规划项目很相似。这个区域规划实践所探讨的核心问题是"我们应该怎样增长？"从当前的衰落看，也许提出的这个问题本身就是不对的。

如弗雷斯诺和菲尼克斯一样，城市增长和蔓延的动力在 2006 年消失了。自那时起，奥兰多一直在和衰落作斗争。不幸的是，myregion.org 的规划工作还不能够就最近的人口变化作出灵敏的调整，规划师也还不能够将注意力转到处理人口减少和衰落的区域规划上。

佛罗里达人很少是本地出生的（2000年时只占全州40%）；全美只有内华达州比这里更低（占28.2%）（Mormino，2005）。莫尔米诺说，这导致了全州"市民社会的关联纽带薄弱"。评论员迈克尔·巴罗恩（Michael Barone，1993）在文章中写到："公共部门的作用相当虚弱，从大学、环境保护到刑事司法。"（p.356），这可能是对衰退的应对如此疲软的原因。

变化中的奥兰多，2006—2009

2006年，当房地产市场崩盘且止赎危机爆发时，该市发放的建筑许可数量也出现了锐减。发放的单户住房许可数量2006—2009年间下降了78%。多户住房市场崩溃得更厉害，发放的许可从2006年的4239个下降到2009年的66个，降幅高达98%。

全城的USPS数据反映了奥兰多2006—2009年间的非空置住房单元的净增长（表9.3，图9.1）。但是，奥兰多街区中几乎有1/3（31个中的10个）的非空置住房单元数量存在净损失，总共减少了2721个单元。数据增加和减少的空间分布如表9.1所示。流失最多的非空置住房单元的邮政区几乎能在奥兰多老城中心周围形成了一个圈，还包括了附近的县郡土地。

面对流失和遗弃的时期，奥兰多和附近的橘郡（Orange County）在保护和维护遗弃建筑上的投资都很大。一位当地官员描述了整理草坪的重要性：

如果你让"草"长得太高，会引发啮齿动物、老鼠或其他野生动物的问题。很多的止赎房屋中有游泳池，这就带来所谓的"绿泳池综合征"，它会变成蚊子的繁衍地，而且会威胁儿童安全——对于佛罗里达12岁以下的小孩，溺水是意外死亡的第一大原因。

奥兰多具有严格的规划执法行动，但根据一位居民描述，"他们努力监控所有情况，然而这个地区的止赎住房实在是太多了"。除了没有工作所需的资源以外，我在对当地官员的访谈中还发现了不同的问题。那些负责指导奥兰多应对失业、人口减少和住房遗弃等问题的人，还抱有一种否定现状的态度。他们没有认识到当前形势的严重性，在进行政府干预时过于依赖过去的经济增长和繁荣。一位城市官员在面对工作、人口和非空置住房单元下降的证据时，仍然声称："我觉得我们将继续增长。"

表 9.3

2006—2009 年奥兰多邮政区非空置住房模式

研究社区	邮政编码	LISC 止赎评分（跨州止赎评成评分）*	2000 人口普查				USPS 邮寄活跃住宅统计					
			社区名称	总人口	总住房单元数	土地面积（英亩）	非空置住房单元—2006 年 2 月	非空置住房单元—2009 年 2 月	从 2006 年 2 月—2009 年 2 月非空置住房单元变化	每英亩非空置住房单元—2006 年 2 月	每英亩非空置住房单元—2009 年 2 月	%2006 年 2 月—2009 年 2 月的变化
✓	32808		松山	48886	17489	7799	17925	17291	-634	2.30	2.22	-4%
✓	32807		恩格尔伍德公园	29167	11197	5944	12657	12065	-592	2.13	2.03	-5%
	32825			43682	15114	23687	19972	19579	-393	0.84	0.83	-2%
	32811			33391	14253	5221	14827	14520	-307	2.84	2.78	-2%
	32809			22676	8719	6631	9427	9214	-213	1.42	1.39	-2%
	32805			24432	9806	4038	8775	8562	-213	2.17	2.12	-2%
	32826			24253	9125	6651	8241	8084	-157	1.24	1.22	-2%
	32806			26682	11827	4298	11238	11093	-145	2.61	2.58	-1%
	32804			18083	9168	4391	8236	8170	-66	1.88	1.86	-1%
	32831			57	22	554	99	92	-7	0.18	0.17	-8%
	32821			13930	7385	12751	8111	8125	14	0.64	0.64	0%

研究社区	邮政编码	LISC 止赎评分（跨州止赎组成评分）*	社区名称	2000 人口普查				USPS 邮客活跃住宅统计					
				总人口	总住房单元数	土地面积（英亩）	非空置住房单元—2006 年 2 月	非空置住房单元—2009 年 2 月	从 2006 年 2 月—2009 年 2 月非空置住房单元变化	每英亩非空置住房单元—2006 年 2 月	每英亩非空置住房单元—2009 年 2 月	%2006 年 2 月—2009 年 2 月的变化
	32803			21280	10877	4585	9541	9647	106	2.08	2.10	1%
	32835			31387	13823	6647	16585	16703	118	2.50	2.51	1%
	32812			35952	15113	5811	13702	13826	124	2.36	2.38	1%
	32817			27923	10643	6306	11916	12050	134	1.89	1.91	1%
	32837			34855	12530	10211	17659	17824	165	1.73	1.75	1%
	32818			35679	12434	7265	15417	15607	190	2.12	2.15	1%
	32810			32623	12992	6195	12284	12533	249	1.98	2.02	2%
	32833			5092	2004	20184	3068	3342	274	0.15	0.17	8%
	32836			12109	4656	14977	6254	6591	337	0.42	0.44	5%
	32819			23913	9207	12902	9312	9667	355	0.72	0.75	4%
	32820			3007	1143	10228	2325	2748	423	0.23	0.27	15%
	32822			52182	23438	17617	22589	23074	485	1.28	1.31	2%

续表

研究社区	邮政编码	LISC止赎评分（跨州止赎组成评分）*	社区名称	2000人口普查			USPS邮寄活跃住宅统计					
				总人口	总住房单元数	土地面积（英亩）	非空置住房单元—2006年2月	非空置住房单元—2009年2月	从2006年2月—2009年2月非空置住房单元变化	每英亩非空置住房单元—2006年2月	每英亩非空置住房单元—2009年2月	%2006年2月—2009年2月的变化
	32839			40457	14713	5040	17293	18125	832	3.43	3.60	5%
	32801			7979	4959	1457	5703	6669	966	3.92	4.58	14%
	32827			2186	867	20840	1449	2463	1014	0.07	0.12	41%
√	32814		鲍德温公园	—	—	—	1288	2545	1257	—	—	—
	32829			3565	1190	1383	4660	6290	1630	3.37	4.55	26%
	32824			19327	7060	16993	10104	11872	1768	0.59	0.70	12%
	32832			1860	735	38854	2986	4817	1831	0.08	0.12	38%
	32828			22301	8177	10203	16731	20439	3708	1.64	2.00	18%

* 地方行动支持公司与止赎响应项目，表 1：2008 年 11 月 http：//www.housingpolicy.org/assets/foreclosure–response.

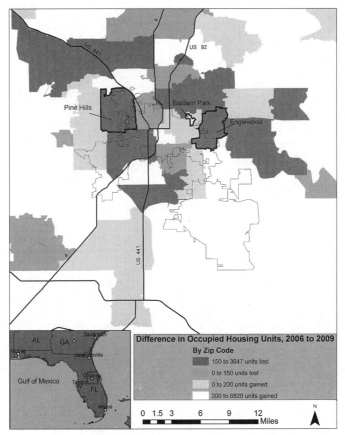

图9.1 2006—2009年奥多兰地区非空置住房单元变化（分邮政区）

奥兰多的三个社区

和其他案例研究一样，我对三个奥兰多社区进行了调查研究，希望更深入地探索2006年以来由人口减少和止赎危机造成的影响（表9.3，表9.4）。在分析USPS数据，并且和政府还有非政府官员进行访谈之后，我在遭受止赎危机冲击地区中选取了具有不同的历史背景和政策关注领域的社区进行了调查。

第一个调研社区是松山（Pine Hills），这是一个非洲裔美国人和西班牙裔美国人较多的街区，包括奥兰多城市和橘郡的部分地区，是一个有不同政府行政权力交叠的区域，也是备受市政厅关注的再开发地区。第二个社区是恩格尔伍德（在本章开始进行过简单介绍）——是奥兰多止赎危机的重灾区，已经被纳入NSP支持范围。最后一个社区是鲍德温山（Baldwin Hills），一个在废弃军事基地上建立的新社区，是奥兰多为数不多的运用了新城市主义原则设计的社区之一。它也受到止赎危机的剧烈冲击。

奥兰多第一个远郊地区：松山（32808）

在 20 世纪 50 年代高速公路建设时代开始之前，奥兰多一直是集中城市化的地区。此后，城市中出现了一些郊区化形式且邻近市中心的新开发项目。在横贯奥兰多东西方向的 50 号高速公路建成后，松山是第一个远离城市中心区的开发小区（表 9.1）。一部分属于橘郡，一部分属于奥兰多市，松山社区建设之初是个居家置业的理想地区。

社区层面的人口统计和住房数据，奥兰多，2000　　　表 9.4

社区	总人口	% 白人	% 非洲裔美国人	% 拉丁美洲人	%<18 岁	%>64 岁	总住房单元	非空置住房单元总数	% 非空置住房单元
32807 恩格尔伍德公园	29167	72.8%	6.9%	38.6%	24.8%	11.3%	11197	10772	96.2%
32808 松山	4886	33.8%	53.0%	12.2%	33.0%	8.3%	17489	16284	93.1%
32814 鲍德温公园	—	—	—	—	—	—	—	—	—

资料来源：美国人口普查局，2000 年人口普查摘要文件 1

今天，松山是奥兰多最贫穷居民的居住地，同时也是中产阶级和工人家庭的社区。这个社区的组成是多元的，有 53% 的非洲裔美国人，12% 的拉美人和 34% 的白人（U. S. Census，2000）（表 9.4）。18 岁以下的人口数量要比整个城市高，年龄中位数为 30 岁（整个城市年龄中位数是 33 岁）。容纳松山近 5 万人口的住房多种多样，有单户住宅、多户住宅、双拼住宅，还有很多小型、中型和大型的公寓建筑。一位城市官员如此描绘松山："不是最好的地方，那里有很多犯罪事件，收入很低。"当地的一位房地产经纪人更加悲观，承认房价自 2006 年来就大跌，"你每天都可以（在松山）用 3 万美金买三居室的房子"。

在 21 世纪早期房地产繁荣时期，投资者的注意力集中在松山。根据居民和官员访谈，2006 年房地产市场出现崩溃的时候，有几个大规模的再开发项目正在进行。现在这些项目都搁置了。许多社区居民对绅士化进程放缓抱有矛盾的心态。居民们"不想看到（松山）被毁掉，但也不希望它被不关心本地的人接手"，一位长期居住在这里的社区领袖这样评论。

　　USPS 数据显示松山在 2006—2009 年间失去了 634 个非空置住房单元。这个相对低密度街区从 2006 年 2.3 个住房单元／英亩，减少到 2009 年的 2.22 个住房单元／英亩，降低了 4%。实地调研、访谈老居民和社区领袖，证实了这些结论。松山社区有成百上千个无人居住的房屋。粗略估计有一半的房子处于"出售"、"出租"或者"孤儿物业"的状态，没人对这些房产负责（图 9.2，图 9.3，图 9.4，图 9.5）。

图 9.2　位于松山乔治敦道（Geogetown Drive）的空置住房，用以出售或出租

图 9.3　在泉特尔路（Chantelle Road）上缺乏维护、破败的空房子，
前院有一个空的啤酒瓶

图9.4 在松山达达尼尔街（Dardenelle Drive）上的止赎房子里疑似有人放火

图9.5 由于草地和树木缺乏维护，松山卡洛斯路（Carousel Road）上煤渣墙房屋的两侧和后院变成像森林一样

　　街区的犯罪率也在上升，"因为有这些空置房子"，一位居民说。他接着告诉我："昨天我报警了，一个家伙在我家街上的空房子前面贩卖毒品。"一位松山的社区领袖说："有人闯进这些空房子，你可以看见他们爬窗户进去。"尽管松山一直存在犯罪和犯罪团伙问题，但的确是废弃房屋让问题升级了。尽管面临很多的挑战，但松山的居民都有强烈的社区归属感："我不会离开我的小房子——我会把它传给我的孩子。大家都会问候'嗨，喝杯果汁或什么的吧？'你期盼回到家……这些房子通常代代相传。"

恩格尔伍德：城市中的郊区开发（32807）

二战后，全美的军事基地都相继关闭，奥兰多的军事活动也渐渐平息。但随着冷战的爆发，奥兰多市内和周边的几处军事设施又被重新启用，这推动房地产经历了一个短暂的繁荣期。恩格尔伍德的开发分几个阶段进行，于20世纪50年代开始，到1980年才大部分建成。作为那个时代的典型特征，这个郊区型新住区的密度低、道路曲折、草坪多（图9.6，20世纪60年代的典型建筑）。大多数是单户家庭住宅，但有几个小区有双拼住宅，以便业主将另外一套房子出租出去。

在20世纪80年代末和90年代初，这个地区建设了一些高密度的公寓楼，有些甚至还设有门禁。到2000年，这个约9平方英里的街区基本被建满了，有将近3万居民住在11000套住房里。这些居民大部分是白人（2000年占73%），拉美裔和非洲裔美国人人口也在不断增长。从年龄结构上看，恩格尔伍德街区与全市情况一致，老年人和年轻人的比例恰当。

2006—2009年间，恩格尔伍德社区失去了592个非空置住房单元，每英亩的住房密度从2.13个下降到2.03个（表9.3）。沿麦肯齐街（Mackenzie Street）或阿尔德大道（Alder Avenue）漫步，你会清楚地感受到这5%的住宅密度下降。出售、出租和缺乏打理的景观随处可见（图9.7，图9.8，图9.9）。几乎没有街道幸免——止赎已经遍布这个中档街区，把这个曾经稳定的社区弄得乱七八糟。

图9.6　20世纪60年代在恩格尔伍德建造的典型住宅，安第斯大道（Andes Avenue）上的这所住房是空置的

图 9.7 "出售"或者"出租"的标示牌在整 个恩格尔伍德随处可见

图 9.8 在恩格尔伍德的谢南多厄路 （Shenandoah Way）上，茂盛的杂草和开 敞的大门说明这是一座废弃住房

图 9.9 显而易见的绝望，在恩格尔伍德梅尔卡多大道（Mercado Avenue）一处住宅的 草坪上有一块挑衅性的标志牌 *

---

* ［译者注］标志牌上写着"来偷吧，已经批准进行甩卖，407-488-2233，准备好了！！"

对于社区中相对较新的公寓楼，止赎危机的最大影响是物业费收入的急剧下降。由于资源减少，恩格尔伍德的业主协会正在削减园林绿化和预防性维护。2009 年，业主协会 11% 的物业费要比 6 个月的拖欠月供还要多（112 个单元的公寓楼）。"我们每年损失大概 2 万美元"，据一位协会的官员说。收入的减少是协会最严重的问题；他们只能减少服务，或者提高物业费。

一旦房屋进入止赎状态，佛罗里达州的法律限制了房屋出售款中支付物业费的比例。对于公寓来说，物业只能收回 6 个月的物业费，而业主协会可以收回 12 个月的物业费。恩格尔伍德的止赎房屋一般会空置 1–2 年，这意味着即使协会在止赎出售中收回了一些费用，也还是远远不够的。

协会承受的压力仅仅是这次危机冲击恩格尔伍德的一个方面。在没有协会的街区，草坪正在枯死，杂草在疯长，曾经小范围的涂鸦和破坏行为，现在已经达到瘟疫水平。一位老居民说："突然之间，这里到处都是糟糕的空房子。"

犯罪正在侵蚀这个社区，这是以前没有出现过的问题。随着街区的变化，恩格尔伍德变得不一样了——一位业主惊恐地向我解释了他的邻居是如何"找了两个妓女，现在正和她们一起坐在前廊上"。

鲍德温公园：现实中的新城市主义（32814）

1997 年，奥兰多海军训练中心（Orlando Naval Training Center）关闭的时候，市政官员要求按照新城市主义原则重新利用这个地方。经过一个 200 多次会议的社区规划程序，政府给这个占地 1100 英亩的地区编制了一个总体规划，致力于纠正这个地区过去一直奉行的城市蔓延开发模式（Baldwin Park Development Company，2006）。

尽管城市官员们几十年前就接受了新城市主义原则，但是，直到迪士尼公司的新城市主义社区"庆典小镇"（Celebration）获得经济上的成功之后，附近的奥兰多领导者才开始真正考虑采用这一方法。迪士尼于 1991 年首次宣布"庆典小镇"建设计划，项目于 1996 年进行土地开发权销售。作为沃尔特·迪士尼乌托邦式社区梦想的推广，这个混合土地利用、步行导向型的开发项目内部四处是"口袋公园"*（Pocket Parks）、传统建筑和高水平城市设计。被看作是传统单一土地用途、汽车导向的郊区开发模式的替代选择。庆典小镇的土地很快就售完了，2000 年第一个居住小区建设完工。

鉴于庆典小镇的成功，2003 年鲍德温公园的开发商们动工了。他们的愿景目标很清晰：通过模仿奥兰多本地和其他地方传统街区的城市形态，复制庆典

---

* ［译者注］口袋公园：指在城市内利用公有或私有土地灵活布置的供市民休闲娱乐的小规模绿地和开敞空间，是提升城市景观和宜居性的重要手段之一。

图 9.10　鲍德温公园中心区提倡步行和自行车出行，还有公共艺术和街道设施

小镇模式，创造一个步行导向型、混合土地利用，并且具有真实"场所感"*（Sense of Place）的社区（图 9.10）。到 2009 年底，鲍德温公园的住宅部分基本建成，共有 2000 个住房单元，只有少数商业地块还没有开始建设。

　　根据我的访谈，房地产繁荣时期的鲍德温公园是佛罗里达州中部最令人向往的社区。鲍德温公园的居民风趣地说："这个州的每一位参议员在这都有一套房子"。在市场巅峰时期，开发商最豪华的住宅可以卖到高达 250 万美元，四居室的殖民风格住宅可以卖到 70 万美元。公寓和联排住宅的售价也高于区域新建住宅的平均水平。这里的房产非常受欢迎，巅峰时期你必须通过摇号中奖才有资格购买一套房子——和同一时期菲尼克斯拉文社区的情况一样。热销的原因包括：生活设施便利、场所感强烈且邻近奥兰多市中心。该社区位于高教育水平的学区，配有最高水平的消防和警察服务。在奥兰多（像其他阳光地带一样），某些区域性的学区使得选择居住在城里比城外更有吸引力（与弗林特等铁锈地带城市截然相反）。

　　但是这种好事情不会一直持续，2006 年，这个令人向往的社区，销售量开始下滑。到 2009 年，开发商开始大幅削减价格，但手中仍然滞压了一些空房子——有家开发商积压了超过了 100 栋。根据鲍德温公园业主协会（Baldwin

---

*　[译者注] 场所感：是指某个地区具有的独特的、可识别的、标志性的空间属性，其有助于居民与场所建立情感上、生活上、记忆上的精神联系，从而获得美学价值和社区归宿感，常用于建筑设计、城市规划、城市设计领域研究。

Park Homeowners' Association）（所有业主必须加入）的说法，在已经售出的房产中（不算开发商正在卖的房子）有 13% 已经拖欠月供超过 45 天了（大概 2000 个住房中的 260 个）。如果这 260 个单元都变成空置的，加上未出售的单元，空房率可高达 17%（360 个空置单元除以 2100 总数）。并且，整个开发项目中还有少量的空地，虽然都被很好维护着，但也意味着还存在空地有待填补（图 9.11，图 9.12）。

鲍德温公园的 USPS 数据很难解读，因为这儿都是新建房屋。根据表 9.3，2006—2009 年间，这个社区的非空置住房单元增加了一倍，从 1288 个增加到 2545 个。从业主协会的统计数据和现场调查以及访谈了解到，尽管非空置住房单元有净增长，但是这个新社区仍然存在很大的空置房问题。

在大部分地方，止赎和遗弃总是意味着各种视觉上的破败景象，但是，强大的业主协会和鲍德温公园的开发商持续地维护着这里的空置住房。草坪和景观绿化仍然定期浇灌和除草，"出售"的标志牌的数量也被限制在最低限度（甚至颁布了"出售"标志牌的设计指南）。虽然这些额外的工作增加了开发商和业主协会开销，但直到本文写作时（2009 年底），鲍德温公园还一直保持着稳

图 9.11　鲍德温公园的田园街景中点缀着空荡荡的豪宅。这座西班牙风格的豪宅位于新博德街（New Broad Street），建于 2006 年，售价超过 300 万美元。直至照片拍摄的时候（2009 年 9 月），还未曾有人入住过

图 9.12　鲍德温公园开发项目中的空地随处可见，这是下联合路（Lower Union Road）上的一处

定的社区形象。不幸的是，开发商和业主协会的预算开支已经开始变得紧张。如果市场再不改善的话，美好的外表很快就会崩塌，遗弃和空置的视觉景象很可能马上就会出现。

规划 / 政策应对

　　奥兰多市应对止赎和遗弃危机的主要策略是利用 NSP 和严格地规划执法。此外值得一提的是，这个城市长期将新城市主义作为解决增长和开发问题的框架。拿到了 670 万美元联邦政府资金后，奥兰多将大部分注意力放在了 NSP 上（Schelub，2008a；Schlueb，2008b）。城市官员开始分析什么是奥兰多街区一直保持稳定的传统因素，得出答案是：单户住宅所有权。一个城市官员详细地解释了这种想法："只有我们自己的经验才会在奥兰多奏效，特别是在（优先）研究的街区，它们都有很高比例的单户住宅。"城市在几个选定的优先区里努力提高房屋质量和社区条件。城市从这些尝试中学到，增加单户住宅自住业主是改造街区的关键性变量。这种逻辑后来被证明是错误的。

　　分析复杂的社会经济和政治变量的作用是非常具有挑战性的，更不用提街区中所有私营部门和个人代理机构的作用角色。认为只有单一的因素起作用是忽略了确立因果联系的三个基本要求。这三个要求是 18 世纪的哲学家大卫·休谟（David Hume）提出来的：（1）相关性；（2）时间顺序；（3）非伪相关。城市官员看到了"低犯罪率和高房价街区"和"高比例的单户住宅自主业主"之间存在相关性。他们也察觉到单户住宅变化往往发生在街区变化之前，存在时间上的先后顺序。但是忽略最后一个条件，"没有其他的解释方式或者影响变量可以用于解释街区的变化"，这是他们错误的来源。用提高单户住宅来对抗住房密度降低的同时，很多其他原因可以影响街区的变化，因此这种方法是有问题的。

精明收缩的关键理念是：人口正在减少的社区需要更小的非空置住房单元密度。在有些情况下，单户住房可以帮助社区降低住房密度。但是，除了呼吁增加单户住房数量以外，还有许多方法可以降低社区的住房密度。三层公寓楼社区可以向双拼住房社区转变，低层公寓楼的社区可以改造为联排别墅的社区。增加单户住宅自住业主这剂"良药"是有一定谬误的，以此制定的应对政策有可能解决不了所针对的政策问题。

不管提高单户家庭住宅比例的方法是否明智，城市还是在用这种政策思路来使用 NSP 资金。通过购入止赎状态的单户住宅，对其进行翻修，并将其出售给自住业主，市政府官员希望通过实施这种政策来影响社区，增加其单户住宅业主自住房数量。

如果城市动用联邦基金成功地收购和修复了一个处于止赎状态的房子，下一步就是找到一个合适的买家——最好是一个自住业主。一位官员表示，"我们最担心的是：当我们修复完这些东西后，会有买家吗？"如果宏观人口和经济力量是导致住房需求下降的原因，那么市场需求会因为城市政府的干预而回升吗？直到本文写成的时候，答案仍然是未知的。

奇怪的是，NSP 的规则中要求城市官员不要去收购残破的孤儿物业或构筑物。相反，城市的目标是在房子刚进入止赎状态时就进行收购——某些情况下还需要试图与商业投资者竞争。把资金用这种方式集中使用，最终还是没有办法影响到真正存在问题的闲置房产。[2]

出现这种短视政策的原因可能是缺乏长远眼光，而这恰恰是规划师可以给市政府作出的贡献。规划局和社区开发局（NSP 的实施主体）之间的壁垒是非常高的，奇怪的是二者同属经济开发部门，有时甚至在同一层楼办公。一位社区发展官员解释道："NSP 本身并不具备规划功能，因为它是针对现有住房存量的项目。"将现有住房存量和规划住房存量分别考虑是错误的，这助长了城市官员之间的工作壁垒。规划师在任何总体规划或再开发规划中都要处理现有住房存量问题——他们缺席 NSP 讨论，也反映了城市政府内部存在的问题。

"在止赎方面，重要的是如何使住房存量重新进入市场并且不再空置"，一位市政府高级官员表示。同样，这样的说法又一次反映出他们对土地利用规划在应对人口减少和遗弃中的潜在作用非常缺乏认识。官员看到了空房子，他们想用人来填满这些房子。当人口减少时，能填进这些住房的人就会减少，不管政府如何努力也没有办法。在本章结尾，我将重新强调如何用精明收缩来帮助官员解决所有房屋空置问题。

将 NSP 与规划师 / 城市规划隔离开的宏观结构性力量是很大的。一位奥兰多的规划师尴尬地告诉我，他对止赎和废弃问题情况缺乏基本的了解："我没有密切关注这个事情。"当其他政府部门正忙于花掉数百万 USP 联邦资金，规划部门却一直被隔离在这个决策圈之外。当前规划师所关注的主要是调整本部门制定的法规和条令，还有一些小规模的规划项目。

在过去二十年中（甚至更长），奥兰多的城市政策和规划奉行着新城市主义原则。城市政府在鲍德温公园项目（以及本章其他几个新建或再开发项目）中扮演了积极的角色。2009 年，规划部门开始为奥兰多市学院公园地区（College Park）编织社区规划——规划中把截面模型作为一个关键的组织原则。

通过限制增长、集中新开发项目和创造具有场所感的街区，城市政府成功地限制了低密度、缺乏地方特色的蔓延式开发，而正是这种开发方式造成了最高比例的止赎率。[3] 奥兰多一名规划师说："如果项目符合我们城市发展愿景，我们总是会非常支持的。"这里所说的奥兰多的城市愿景就是新城市主义原则。与周边其他城镇相比，奥兰多用新城市主义来控制建设质量非常有成效。在城市正在进行中的几个开发项目中，我发现空置率都没有超过 10%，与城市以外的橘郡、奥西奥拉郡（Osceola）、塞米诺尔郡（Seminole）和湖郡形成鲜明的对比。

当地官员也相信，正是由于他们奉行了新城市主义的规划策略，该市新住房的止赎率才会比郊区地区低。"奥兰多城外的大片地区有很多是过度开发"，一位城市官员这样谴责城市外的湖郡、橘郡和塞米诺尔郡。但无可置疑的是，城市中的传统城区已经受到了冲击。比如鲍德温公园，城市实际上没有对废弃和空置作出任何的应对。因为有开发商和业主协会在积极地扮演政府的角色，市政府显然没有理由介入。除非情况变得更糟。

奥兰多精明收缩的机遇

推行精明收缩的政治挑战是巨大的，在奥兰多这样具有长期增长历史的城市，推行起来会更加困难。本书的研究给奥兰多如何有效地施行精明收缩策略提供了一些线索，但与任何地方一样，如何争取足够大的政治意愿很有挑战性。

为了使奥兰多成为一个更小但更好的城市，我提出了三种策略参考：（1）第一种是将城市已经奉行的新城市主义原则进行扩展——正式将截面模型作管理人口减少或再次增长的方法；（2）第二种是打破壁垒，城市应当将规划部门的创新力和创造力转化为解决废弃问题的力量；（3）第三种策略是与业主协会或其他私营机构进行合作，把那些空置土地（新开发项目中）和空置住房转化为低密度的用途。

市政厅的官员都非常熟悉截面模型——在奥兰多的增长中，将T3生态区规划建设成T4生态区是他们日常的工作。在奥兰多的收缩中，反向截面模型也可以运行得很好。通过保护每个生态区的完整性，城市可以系统地管理街区的物质空间变化，并以此应对人口减少——如第5章所描述的。例如，恩格尔伍德的一部分有很多双拼住宅，而且多半挂着"出租"的标志牌。人口减少导致更低的住房需求，恩格尔伍德的双拼住宅主人很难找到租户。

解决这个问题的简单的方法是，和房产业主合作将双拼住宅改建成单户住宅，或者把租赁的单元改造成其他用途。利用市政府的激励、拨款和贷款政策，恩格尔伍德在保留街区完整性的同时，很容易转化为没有空置的低密度住宅小区。租赁单元的减少将意味着居住人口减少，可以给继续生活在这里的人创造一个不那么拥堵的社区。

在前面有关NSP的讨论中，我提出城市官员的目标是努力使房屋有人居住。使用精明收缩思想，解决遗弃住房问题不是通过重新使用空置住房，而是通过创造性的土地利用规划来解决，通过将一些空置住宅拆除然后对土地进行再利用。

图9.13　在雪路（Snow Road）人行道尽头有两块空地，鲍德温公园和联合公园（Union Park）隔街相望

最后，市政府通过寻找机会与友好的私人机构进行合作，可以为废弃建筑和空置土地寻找再利用的方式。例如，在鲍德温公园空置的新住房用地也有可能被纳入旁边的公园（图 9.13）。这种用途改变甚至没必要是永久的。实际上，这样的转变某种程度上会自发形成。在开发商等待经济复苏之际，鲍德温公园中的一些商业用地已经被改建为停车场临时使用。

在此类私人领域，奥兰多市政府可以更加积极地促进更多的临时用途出现，或支持更低的住房密度。当物业协会急需提高物业费不然会濒临破产时，城市可以通过减少开发来支持他们。短期看，这些举措意味着城市房地产税收的减少。但随着时间的推移，城市提供的公共服务规模也会相应减少。认识到这种长远发展是很难的，特别是对政治家来说。

小结

有人认为，当年沃尔特·迪士尼的飞机掠过南部沼泽上空，他说："就是这里了"，并将迪士尼乐园选址在奥兰多市那一刻，这个城市的命运就被永远地改变了（Fogelson，2001）。同样，当整个佛罗里达州所依仗的"增长机器"于 2006 年开始放缓甚至逆转的时候，奥兰多的命运又一次发生了转变。当增长不再的时候，奥兰多再也不会和以前一样了。

2007 年早期，市政厅隆重地庆祝一个发展里程碑——成功地吸引伯纳姆医学研究所在这个城市的南部卫星城建立园区，带来 303 个工作岗位（Ping，2007）。在与其他选址方案的竞争中，奥兰多和橘郡共同给出了一套激励方案，包括价值 3.672 亿美元的现金和实物捐赠（Ping，2007）。创造的工作岗位成本为 120 万美元 / 个，这可能是经济发展史上最昂贵的招商引资了。[4] 面对人口减少，城市官员迫切希望通过引进新工作岗位和新居民来逆转趋势。也许，将 3.672 亿美元投资到重建和重组奥兰多社区，可能比向伯纳姆医学研究所"购买"工作岗位更加明智。

在经济发展政策的历史中，2005 年最高法院的凯洛与伦敦市案例（Kelo v. City of London）是一个重要的标志，案件判决支持新伦敦市利用经济发展战略来吸引最重要的雇主——辉瑞制药公司（Pfizer）。2009 年末，辉瑞制药公司宣布将关闭这个工厂（正是经济发展战略案件争论核心），并解雇 1400 员工（McGeehan，2009）。什么时候城市才能习得教训？投资于就业增长既代价高昂，其收益又往往很虚幻。而向合适规模的缩小社区投资，可以改善留守居民的生活品质，这种回报既不会被剥夺，也不可能被关停。

奥兰多城和橘郡住房限制的比较　　　　　　　　　　　　　　表 9.5

奥兰多城	对新开发的严格控制	→	少有新增长，21 世纪的新项目遵循新城市主义原则，且具有很强的场所感
橘郡	对新开发轻微的限制	→	很多的新增长，都是没有什么场所感的传统的低密度的蔓延 *

* 奥兰多地区有一个例外：奥西奥拉县的庆典新城开发

　　新的房地产开发项目并不是总会给地方带来好的结果。从奥兰多城和橘郡的经验（表 9.5）可以看出，奥兰多城比橘郡提出了更多的新项目开发限制。因此，奥兰多城市建造的新房子要少得多，但是，其建成的住宅能够更好地融入城市肌理，并具有强烈的场所感。橘郡的高止赎率进一步支持了露西和菲利普斯（Lucy，Phillips，2000）提出的郊区衰落理论。在这个理论中，他们认为没有场所感的新郊区将会衰落得最厉害。虽然这个理论需要更多研究来证实，这里的案例却是符合研究结论的。过去 10—20 年间，奥兰多城严格控制了开发建设，并严格地关注地方场所感的营造（通过奉行新城市主义原则 [5]）。虽然，城市的新开发项目量很少，但与周边采取不同做法的郡县相比，这里的止赎和废弃的房地产要少得多。

第 10 章　走向新的城市规划

在这本书的开始，我对比了两个家庭在社区衰退中的不同经历。乐华和家人在底特律的一个收缩社区中挣扎生活，被周围的空置和废弃房屋包围；而黛博拉和汉克受佛罗里达州经济萧条影响，在空置或烂尾社区中苦苦坚持。这样的收缩社区故事在铁锈地带很常见，但我在本书中提出了不一样的观点：人口减少意味着住房密度下降，在某些地方，这有可能意味着更小但更好的社区。通过分析人口普查数据发现，铁锈地带社区的人口数量下降和非空置住房数量下降之间，存在统计上显著的相关性。针对这种相关性，研究在弗林特市展开了调查。收缩对城市社区意味着什么？密歇根州的研究为寻求新的突破奠定了基础：如果应对恰当的话，人口减少可能意味着更多的呼吸空间、更多宠物活动场所、更多的花园绿地和更少的城市拥挤。

反向截面模型是有关如何实现这种社区重构的理论框架——将精明收缩从理论延伸到实践。对于阳光地带在 2006—2009 年间出现了净住房减少的城市来说，新模型既是希望，更是一种：导向。阳光地带的三个收缩城市案例分析表明，每个城市都有可能通过精明收缩来让社区适应更少的人口。虽然每个城市都有经济发展规划，但同时也需要有应对收缩的规划。城市可以进行招商引资（如果政治上需要），或提供税费激励或资金优惠（如果州或联邦政府要求），但政府必须对未来可能不太美好的发展前景有所准备。弗林特的案例研究表明，并非所有社区都能管理好衰退。事实上，地方政府（在区域、州和联邦机构的支持下）有责任管理好城市衰退，与此同时致力于扭转收缩。

这里介绍了三个"焦蚀城市"，他们面对城市衰退的表现极不自然。菲尼克斯和奥兰多的受访者们无法想象一个没有人口增长未来，而弗雷斯诺的许多人却可以接受城市会向收缩转变。差异来源于城市的不同发展历史，弗雷斯诺在 20 世纪中叶就已经出现了人口流失和投资减少现象。弗雷斯诺已经准备好了积极地展开规划执法和废弃建筑物登记/跟踪——这些政策工具在菲尼克斯和奥兰多很少见。

在这三个城市中，很容易就可以找到城市、郊区、乡村尺度的社区。这些城市中都至少有一个繁荣发展的社区，但同时也都有正面临衰退冲击的各个尺度社区。人口收缩和住房废弃在各个尺度社区中表现不同，很难说哪个尺度社区更严重或更缓和。高密度社区（城市尺度）人口收缩的代表是位于菲尼克斯城区的桑尼索普社区，这里有很多半空置的公寓楼，以及本研究中最高的空置率；中等密度社区（郊区尺度）代表是奥兰多郊区的恩格尔伍德社区，这里看到了大量标示"出租"的双拼住宅，几乎每个街区都杂草丛生，且犯罪问题严重；低密度社区（乡村尺度）的代表是弗雷斯诺的 99 公路以西社区，这里有空置的规划用地、犯罪团伙涂鸦和房地产价值暴跌。

这些"焦蚀城市"中不同密度水平的社区，虽然衰退的内涵有所不同，但

"反向截面模型"可以将它们联系在一起。反向截面模型为应对政策提供了一个通用框架。在模型中生态区之间向前或向后转变的时候，城市社区都需要进行恰当的再组织和再设计。增长未来可能不再，城市必须准备好。

佩洛夫（1980）关于不确定性规划的研究很关键。如果政府官员不清楚人口和就业水平的走势，他们很可能会在政策和规划上出现严重错误。当然，未来永远是未知的，但佩洛夫认为，如果仔细考虑每种可能性和未知风险，并且设计足够灵活的政策工具，我们就能够成功地应对变化。这与温切尔曼（Wiechmann，2008）的主张相似，他呼吁通过提高战略上的灵活性，来解决未来人口衰退和增长的不确定问题。通过对德累斯顿（Dresden）在 1990—2007 年间人口增长与衰退的案例研究，温切尔曼得出了结论：增长规划和收缩规划都不是正确的方法。相反，他认为"在收缩城市进行规划，需要用有准备的、稳健的和弹性规划方法，在一定程度上替代理性分析和错误预防"（Wiechmann，2008，p.444）。对于习惯了快速增长的阳光地带城市而言，在首次面临衰退时，战略上的灵活性这一概念有着莫大的吸引力。

在一定程度上，战略上的灵活性很适宜描述"反向截面模型"。利用精明增长和精明收缩工具，大城市可以在战略上管理大都市生态区变化，并需要在判断社区向哪个方向生态区发展上保持灵活性。例如，一个社区当前可能正在从生态区 4 发展到生态区 3，未来也可能就会回到生态区 4——基于此，城市需要预先设计政策工具做好准备。既在战略上安排长远社区变化方向，又要在应对方式和方向上保持灵活性。

本书提出了一些非常具体的政策建议。接下来，我概述了针对地方、州和联邦层面城市规划和公共政策的改进建议。最后，我回顾了这项研究的局限性，并为今后的研究提供建议。

对于地方官员来说，他们的行动能力是有限的。正如彼得森（1981）在《城市极限》中所描述的，城市解决自身问题的能力受到外来的州和联邦控制的限制。鉴于这些限制，城市可以控制将来的愿景，并且可以调整一些法规和政策来支持愿景的实现。根据合理的人口预测制定未来愿景，是所有收缩城市的首要任务。克服政治上对增长的痴迷是非常具有挑战性的，但如果成功突破这一困难，那么城市是有可能变得"更小但更好"。实现这一愿景需要总体规划或收缩型愿景展望，并需要一定程度的背景分析。无论哪种方式，最终都应该给出一个不需要依赖增长来实现的未来图景，描绘一条建立在不可避免、不甚愉快的衰退基础之上的发展路径。

对于地方官员，接下来就是设计相应的规范、政策和规划工具来管理衰退，对此我建议：

（1）在高空置率居住社区抑制新住宅的开发建设
地方政府通常采取了许多政策来鼓励新住宅建设，不管地方官员有没有意识到这一点。通过设立相应区划条例来增加建设强度或降低开发难度，都是在鼓励新的建设。相反，在被认定为住房供给过量的区域，城市应该要求建筑商申请特殊建筑许可。核发特殊建筑许可让地方官员有机会思考新建设的成本和效益，并为公共辩论提供平台。对于许多收缩城市来说，新建设大部分都以"低收入所得税抵扣住房"*（Low-income Tax Credit Housing）形式出现的。地方政府可以与美国住房和城市发展部（HUD）和经济适用房开发商合作，引导新住宅项目远离住房供给已经出现过剩的社区。这一原则也应该可以应用到与国际仁人家园组织的工作中。地方官员可以将该组织的工作热情引导到住房需求量大的地区，而把自己的精力集中在拆除废弃建筑之上。密歇根州萨吉诺的仁人家园分支在 2009、2010 年拆除了 200 多套废弃住房，另外还有约 100 家仁人家园分支机构也在致力于拆除工作（Davey，2009）。

（2）要求业主或抵押权人保护、维护空置建筑

"建筑建造或改造规范"（Building Construction and Renovation Codes）是美国和其他发达国家的城市政府进行开发管理时常用的手段。但是，很少看到城市政府用同样的思路来管理存量建筑，采用"房产维护规范"（Property Maintenance Codes）来要求业主进行草坪、景观护理以及其他的建筑外部维护。"2006 国际房产维护规范"（The International Property Maintenance Code of 2006）为城镇提供了一些标准的、可修改的维护规范条文，可以基于此制定房产的最低维护要求，并对不遵守规定的房主（或持有止赎住房的银行）进行罚款或处罚。地方政府还应采纳弗雷斯诺的废弃建筑和止赎建筑登记条例。这些措施有助于市政府密切跟踪和监测被遗弃的、止赎的房产，以便进行主动规划执法。

（3）利用土地银行推进税务征收房产的政府持有进度**

密歇根州的杰纳西县（Genesee）的土地银行被普遍认为是有效解决废弃住房问题的榜样。焦蚀城市可以向弗林特案例学习，利用土地银行迅速将拖欠房产税的物业收购，集中到具有规划权力的中央政府机构手中。虽然结果有时可能不够理想，但在收缩城市中，中央机构可以利用战略规划的部署，来安排这些土地和建筑的再利用，改善住房市场的供需均衡。

（4）将税务征收房产以低价格转让给邻接住户

如书中前面描述的地块扩散过程，随着业主们纷纷收购邻接地块的空置房

---

* ［译者注］低收入所得税抵扣住房：指根据美国基于《1986 税收改革法案》提出的经济适用房开发的激励政策，为了鼓励私有资金参与面向低收入人群开发的经济适用房建设，联邦政府向开发方提供基于开发房产价值计算出的一定所得税抵扣额度。

** ［译者注］税务征收房产：指在以房屋价值计算的房地产税累计拖欠额超过了房产本身的总价值时，进入了资不抵债（拖欠税款总额）状态的房产。

产，收缩地区的住房密度会逐渐下降。有时候，地块扩散是通过房产所有权的合法转移实现的，也有些时候，表现为常见的非法擅自占用。无论哪种方式，地方政府都应该促进在收缩地区的密度减少，以满足留守居民对更大居住空间的需求。公共交通拥护者可能会反对任何导致密度降低的城市环境再组织、再设计行动，他们担心公共交通会更难以运营。这样的担忧是合理的，但交通规划者更应该利用人口收缩来挑战以往公共交通对密度的要求，并重新思考如何在人口减少的情景下提供更为公平、公正的公共交通服务。

（5）迅速地再利用或拆除废弃的公共建筑

地方政府可能不方便干预私有房产的再利用或拆除，但对于公有建筑，它们可以行使更大的权力。在决定是否拆除学校或将公共图书馆改建为仓库时，市长可能会有各种政治考量。但是，人口收缩意味着市政税收收入的降低，还有公共服务需要的减少。这是领导人需要作出的艰难抉择，因为更小规模的城市也意味着更小规模的政府机构。因此，再利用或拆除废弃公共建筑，应当成为地方政府管理收缩时优先考虑的事项。

（6）给私人废弃建筑的再利用或拆除提供补助

虽然比管理公共建筑要困难很多，但地方政府可以间接影响社区中的私人建筑物如何适应收缩。通过税收激励和直接补贴，政府可以帮助业主拆除废弃住宅，或为其再利用找到恰当的功能（需求有可能是现成的）。集中大批量地拆除，地方政府可以以较低的单价雇佣拆迁承包商，将节省下来的资金补助给需要拆迁的业主。

（7）在保护和维护公共所有的空置土地上投入资金

很少有城镇会积极地维护和保护公共所有的空置土地。对这些土地进行简单的除草、低费用景观投资可能会大量节省政府的管理成本。肯特州立大学（Kent State University，2009）的城市设计者发布了一个如何低成本地、简易地维护空置土地的指南。通过关注这些细节并推行有效的预防犯罪策略，城镇可以避免空置地块可能导致的麻烦，并促进社区的健康稳定。

（8）提供拨款和低成本贷款，鼓励业主将活跃的住宅用地转换为文化娱乐或农业用地

虽然地方政府很难迫使房产业主改变用途，但可以通过拨款和低成本贷款提供鼓励机制。在收缩的社区，最可行的土地再利用形式是文化娱乐和农业用地。[1] 因此，为了实现这种转变，地方政府应制定详细具体的规划，通过鼓励机制进行战略性投资。

（9）当社区进入衰退时，通过实行弹性区划条例促使居住用地兼容更广泛的其他用途

回顾第 2 章提出的概念，弹性区划可以作为叠加区划图层，广泛地应用于未来可能出现人口下降的社区。作为额外叠加的图层，这些区划条例只有在社区空置率达到一定程度时才会生效，此时居住用地上更多的兼容用途才会被激活。这种叠加特殊区划图层的方法可以应用于各种城市和城镇，以满足收缩城市的需要。

（10）帮助收缩地区的居民迁往就业前景更好的地区

或许这是最具争议性的建议，搬迁居民常被认为是粗暴和恶意的想法。事实上，我所研究的就业前景不好的地区，有能力离开的人都选择离开了。只有没有经济能力迁移的人才会最后留了下来。因此，随着城市人口减少，收缩城市的贫困居民会越来越集中。给居民迁移提供财政激励的措施有助于缓解城市贫困的累积恶化。经济学的"蒂布特模型*"（Tiebout Model）指出人总是跟随着就业机会迁移的（第2章介绍过），激励政策可以缓和这一过程。如果有人因为极度贫困无法迁移，即便其他地区的就业前景再好，他也没有办法。

州政府可以通过提供资金来协助地方政府实施以上政策，并可以帮助消除可能出现的实施阻碍。例如，俄亥俄州于2009年2月修改了法律，允许地方政府建立土地银行（S.B. 353, 127th General Assembly）。

联邦政府也可以发挥同样的作用。如第2章中的布鲁金斯学会报告所说，联邦资助项目可以提升地方政府解决人口收缩问题的能力（Mallach，2010）。目前，大多数以社区发展为目标的联邦资助项目都以能否创造新就业岗位作为选拔的条件。对于追求更小规模发展的收缩城市来说，这是一个相当严苛的负担。此外，联邦政府给予地方政府的教育、卫生和社区发展的"专项"资金都与人口规模挂钩——人口越多，资金就越多。这种计算方法对存在流失人口的城市尤为不利。这种计算方法也是长期以增长为基本政治需求的产物。只有将目标调整为城市改善生活品质（尽管人口水平较低），才可以改变宏观政策走向，使之朝着精明收缩的方向发展。

本书的研究还存在许多局限性。所有学术研究都受到时间和资源的限制，因此不得不在维持有效性、可靠性的前提下作出妥协。本研究的第一个局限性来源于我对阳光地带的定义。为了分析大城市政策和规划的制定，我的实证分析对象主要是大城市。但是，阳光地带还包括大城市周围的广大郊区和远郊区域。虽然有充分理由将本书聚焦在大城市，但是大城市之外的更广泛地区中的增长和收缩模式也能提供宝贵的知识。在未来的研究中，我建议更多关注郊区和远郊地区，了解它们如何受到经济大萧条的影响，以及地方政府是如何应对的。置于更广阔的大都市背景中，也有助于更好地理解精明收缩这一宏大议

---

* ［译者注］蒂布特模型：是由C.M. 蒂博特提出来解释居民迁移而"用脚投票"选择不同政府提供的公共服务的模型。它指出地方政府也处于彼此竞争之中，其提供的公共产品的质量和成本，决定了居民在自由迁移后形成某种市场均衡。

题：反向截面模型可以在偏远的郊区运作吗？

在分析阳光地带城市的过程中，我刻意将研究重点放在居住用地的功能和密度变化上，这种选择事实上限制了研究的普适性。未来研究可以更关注商业设施、公共设施用地和工业用地的功能和密度变化，以及地方政府如何应对。我的第一本书《被污染的和危险的：美国最糟糕的废弃房地产及可实施的措施应对》（2009）中进行了相关分析，研究了人口收缩和经济衰退对美国主要城市的大型商业、工业地产的影响。目前尚有待研究的问题包括：传统城市中心区如何成功适应零售商业和办公需求的下降；宗教、教育机构在人口减少和服务需求下降时如何进行自我改造；大学在新生人数下降的时候如何适应更小的规模；公共政策和城市规划如何支持精明收缩的实施等。

研究的另一个局限性是只详细分析了四个案例城市。涵盖更多的案例可以提供更多样的住房、经济和地理特征，但这必然会影响研究深度——所有的学术研究都需要在样本大小和调查质量之间进行取舍。未来研究可以对更多阳光地带城市进行概略的研究，以确定哪些独特要素对社区变化、政策制定和规划应对的影响最大。

虽然存在这些局限性，但总的来说，本书的研究结果还是有效且可靠的。它有助于我们更深入地理解人口收缩，认识城市该如何应对收缩，以及如何使精明收缩发挥作用。城市往往急于解决人口较少和就业减少问题，本书的研究说明这么做可能不太谨慎。相反，地方官员应该懂得如何顺应社区、地区以及国家层面宏观人口和经济变化趋势，才能针对城市变化制定既明智又现实的公共政策和规划应对。正如温切尔曼（2008）所说，这些政策和规划必须具有灵活性，城市在发生变化时才能有所准备。

城市能够接受精明收缩的关键动力在于：精明收缩是否有用，它能否创造更小但更好的社区，能否提高居民的整体生活品质，能否吸引更多的人定居该城市，能否带来人口再次增加。巧妙设计的政策和规划工具可以帮助城市快速、从容地应对变化，也可以帮助社区在反向截面模型的各个生态区之间更顺利地转换。

藏传佛教大师明就仁波切（Mingyur Rinpoche）说“要与问题成为朋友”，菲尼克斯报的一篇分析城市止赎问题的社论中引用了这句话（Valdez，2009）。菲尼克斯市民和所有受止赎、房屋废弃影响的阳光地带城市居民需要的正是这种乐观精神。这些经历几十年空前增长的城市正面临着全新的挑战，而大部分都希望依靠增长来解决问题。奥兰多每个就业岗位 100 万美元的招商引资策略可能就是最糟糕的结果。

学习历史上的经验教训是至关重要的。在拉斯特（1975）进行的历史回顾中，他发现人口流失最严重的地区往往是那些最早繁荣发展的城市。这种繁荣和萧条的更替变化，是区位优势不断形成、消退的结果。从对 19 世纪初到 20

世纪70年代的历史分析中，拉斯特发现城市的区位优势不会延续超过十年（邻近运河的十年，位于铁路枢纽的十年，沙漠阳光和欢乐的十年，气候不敏感的、环境紧张的十年等）。与其为了重振优势而投入大量资源，不如从本书的研究中吸取教训，把重点放在提高城市居民的生活品质上，放在改善城市物质环境上，以适应更小的人口规模。最重要的是，城市应该为将来的变化做好准备，并保持灵活性。

附录 A

20 世纪 80 年代城市

			明尼阿波利斯				
单元	英亩数	密度 （单元/英亩）	人口变化	非空置 单元变化	新单元数	新密度	% 密度变化
300	100	3.0	−100	51	351	3.51	16.95%
250	100	2.5	−100	51	301	3.01	20.34%
200	100	2.0	−100	51	251	2.51	25.43%
150	100	1.5	−100	51	201	2.01	33.91%
100	100	1.0	−100	51	151	1.51	50.86%

			雷丁				
单元	英亩数	密度 （单元/英亩）	人口变化	非空置 单元变化	新单元数	新密度	% 密度变化
300	100	3.0	−100	−84	216	2.16	−28.11%
250	100	2.5	−100	−84	166	1.66	−33.73%
200	100	2.0	−100	−84	116	1.16	−42.16%
150	100	1.5	−100	−84	66	0.66	−56.22%
100	100	1.0	−100	−84	16	0.16	−84.33%

			罗切斯特				
单元	英亩数	密度 （单元/英亩）	人口变化	非空置 单元变化	新单元数	新密度	% 密度变化
300	100	3.0	−100	−21	279	2.79	−7.12%
250	100	2.5	−100	−21	229	2.29	−8.55%
200	100	2.0	−100	−21	179	1.79	−10.68%
150	100	1.5	−100	−21	129	1.29	−14.25%
100	100	1.0	−100	−21	79	0.79	−21.37%

			斯克兰顿				
单元	英亩数	密度 （单元/英亩）	人口变化	非空置 单元变化	新单元数	新密度	% 密度变化
300	100	3.0	−100	−107	193	1.93	−35.83%
250	100	2.5	−100	−107	143	1.43	−43.00%
200	100	2.0	−100	−107	93	0.93	−53.74%
150	100	1.5	−100	−107	43	0.43	−71.66%
100	100	1.0	−100	−107	−7	−0.07	−107.49%

圣路易斯

单元	英亩数	密度（单元/英亩）	人口变化	非空置单元变化	新单元数	新密度	% 密度变化
300	100	3.0	−100	−191	109	1.09	−63.73%
250	100	2.5	−100	−191	59	0.59	−76.48%
200	100	2.0	−100	−191	9	0.09	−95.60%
150	100	1.5	−100	−191	−41	−0.41	−127.46%
100	100	1.0	−100	−191	−91	−0.91	−191.19%

锡拉丘兹

单元	英亩数	密度（单元/英亩）	人口变化	非空置单元变化	新单元数	新密度	% 密度变化
300	100	3.0	−100	−113	187	1.87	−37.69%
250	100	2.5	−100	−113	363	3.63	−45.22%
200	100	2.0	−100	−113	313	3.13	−56.33%
150	100	1.5	−100	−113	263	2.63	−75.37%
100	100	1.0	−100	−113	213	2.13	−113.06%

特伦顿

单元	英亩数	密度（单元/英亩）	人口变化	非空置单元变化	新单元数	新密度	% 密度变化
300	100	3.0	−100	35	335	3.35	11.60%
250	100	2.5	−100	35	285	2.85	13.91%
200	100	2.0	−100	35	235	2.35	17.39%
150	100	1.5	−100	35	185	1.85	23.19%
100	100	1.0	−100	35	135	1.35	34.79%

扬斯敦

单元	英亩数	密度（单元/英亩）	人口变化	非空置单元变化	新单元数	新密度	% 密度变化
300	100	3.0	−100	−126	174	1.74	−42.15%
250	100	2.5	−100	−126	124	1.24	−50.38%
200	100	2.0	−100	−126	74	0.74	−63.22%
150	100	1.5	−100	−126	24	0.24	−84.30%
100	100	1.0	−100	−126	−26	−0.26	−126.44%

波士顿

单元	英亩数	密度（单元/英亩）	人口变化	非空置单元变化	新单元数	新密度	% 密度变化
300	100	3.0	−100	88	388	3.88	29.17%
250	100	2.5	−100	88	338	3.38	35.01%
200	100	2.0	−100	88	288	2.88	43.76%
150	100	1.5	−100	88	238	2.38	58.35%
100	100	1.0	−100	88	188	1.88	87.52%

布法罗

单元	英亩数	密度（单元/英亩）	人口变化	非空置单元变化	新单元数	新密度	% 密度变化
300	100	3.0	−100	−26	274	2.74	−8.52%
250	100	2.5	−100	−26	224	2.24	−10.22%
200	100	2.0	−100	−26	174	1.74	−12.77%
150	100	1.5	−100	−26	124	1.24	−17.03%
100	100	1.0	−100	−26	74	0.74	−25.55%

卡姆登

单元	英亩数	密度（单元/英亩）	人口变化	非空置单元变化	新单元数	新密度	% 密度变化
300	100	3.0	−100	−147	153	1.53	−49.13%
250	100	2.5	−100	−147	397	3.97	−58.95%
200	100	2.0	−100	−147	347	3.47	−73.69%
150	100	1.5	−100	−147	297	2.97	−98.25%
100	100	1.0	−100	−147	247	2.47	−147.38%

坎顿

单元	英亩数	密度（单元/英亩）	人口变化	非空置单元变化	新单元数	新密度	% 密度变化
300	100	3.0	−100	−75	225	2.25	−25.01%
250	100	2.5	−100	−75	325	3.25	−30.02%
200	100	2.0	−100	−75	75	2.75	−37.52%
150	100	1.5	−100	−75	225	2.25	−50.03%
100	100	1.0	−100	−75	175	1.75	−75.04%

克利夫兰

单元	英亩数	密度 （单元/英亩）	人口变化	非空置 单元变化	新单元数	新密度	% 密度变化
300	100	3.0	−100	−116	184	1.84	−38.76%
250	100	2.5	−100	−116	366	3.66	−46.51%
200	100	2.0	−100	−116	316	3.16	−58.14%
150	100	1.5	−100	−116	266	2.66	−77.52%
100	100	1.0	−100	−116	216	2.16	−116.28%

代顿

单元	英亩数	密度 （单元/英亩）	人口变化	非空置 单元变化	新单元数	新密度	% 密度变化
300	100	3.0	−100	−66	234	2.34	−22.16%
250	100	2.5	−100	−66	316	3.16	−26.60%
200	100	2.0	−100	−66	266	2.66	−33.25%
150	100	1.5	−100	−66	216	2.16	−44.33%
100	100	1.0	−100	−66	166	1.66	−66.49%

底特律

单元	英亩数	密度 （单元/英亩）	人口变化	非空置 单元变化	新单元数	新密度	% 密度变化
300	100	3.0	−100	−103	197	1.97	−34.45%
250	100	2.5	−100	−103	353	3.53	−41.34%
200	100	2.0	−100	−103	303	3.03	−51.68%
150	100	1.5	−100	−103	253	2.53	−68.91%
100	100	1.0	−100	−103	203	2.03	−103.36%

弗林特

单元	英亩数	密度 （单元/英亩）	人口变化	非空置 单元变化	新单元数	新密度	% 密度变化
300	100	3.0	−100	−127	173	1.73	−42.20%
250	100	2.5	−100	−127	377	3.77	−50.64%
200	100	2.0	−100	−127	327	3.27	−63.30%
150	100	1.5	−100	−127	277	2.77	−84.39%
100	100	1.0	−100	−127	227	2.27	−126.59%

加里

单元	英亩数	密度 （单元/英亩）	人口变化	非空置 单元变化	新单元数	新密度	% 密度变化
300	100	3.0	−100	−116	184	1.84	−38.76%
250	100	2.5	−100	−116	366	3.66	−46.51%
200	100	2.0	−100	−116	316	3.16	−58.13%
150	100	1.5	−100	−116	266	2.66	−77.51%
100	100	1.0	−100	−116	216	2.16	−116.27%

哈特福德

单元	英亩数	密度 （单元/英亩）	人口变化	非空置 单元变化	新单元数	新密度	% 密度变化
300	100	3.0	−100	−104	196	1.96	−34.79%
250	100	2.5	−100	−104	354	3.54	−41.75%
200	100	2.0	−100	−104	304	3.04	−52.18%
150	100	1.5	−100	−104	254	2.54	−69.58%
100	100	1.0	−100	−104	204	2.04	−104.37%

纽瓦克

单元	英亩数	密度 （单元/英亩）	人口变化	非空置 单元变化	新单元数	新密度	% 密度变化
300	100	3.0	−100	−139	161	1.61	−46.47%
250	100	2.5	−100	−139	389	3.89	−55.76%
200	100	2.0	−100	−139	339	3.39	−69.70%
150	100	1.5	−100	−139	289	2.89	−92.94%
100	100	1.0	−100	−139	239	2.39	−139.40%

费城

单元	英亩数	密度 （单元/英亩）	人口变化	非空置 单元变化	新单元数	新密度	% 密度变化
300	100	3.0	−100	−148	152	1.52	−49.42%
250	100	2.5	−100	−148	398	3.98	−59.30%
200	100	2.0	−100	−148	348	3.48	−74.13%
150	100	1.5	−100	−148	298	2.98	−98.84%
100	100	1.0	−100	−148	248	2.48	−148.26%

		匹兹堡					
单元	英亩数	密度 （单元/英亩）	人口变化	非空置 单元变化	新单元数	新密度	% 密度变化
300	100	3.0	−100	−124	176	1.76	−41.22%
250	100	2.5	−100	−124	374	3.74	−49.46%
200	100	2.0	−100	−124	324	3.24	−61.82%
150	100	1.5	−100	−124	274	2.74	−82.43%
100	100	1.0	−100	−124	224	2.24	−123.65%

		普罗维登斯					
单元	英亩数	密度 （单元/英亩）	人口变化	非空置 单元变化	新单元数	新密度	% 密度变化
300	100	3.0	−100	−236	64	0.64	−78.78%
250	100	2.5	−100	−236	486	4.86	−94.54%
200	100	2.0	−100	−236	436	4.36	−118.17%
150	100	1.5	−100	−236	386	3.86	−157.56%
100	100	1.0	−100	−236	336	3.36	−236.34%

20 世纪 90 年代城市

<table>
<tr><td colspan="9" align="center">明尼阿波利斯</td></tr>
<tr><td>单元</td><td>英亩数</td><td>密度
（单元/英亩）</td><td>人口变化</td><td>非空置
单元变化</td><td>新单元数</td><td>新密度</td><td>% 密度变化</td></tr>
<tr><td>300</td><td>100</td><td>3.0</td><td>−100</td><td>−170</td><td>130</td><td>1.30</td><td>−56.60%</td></tr>
<tr><td>250</td><td>100</td><td>2.5</td><td>−100</td><td>−170</td><td>80</td><td>0.80</td><td>−67.92%</td></tr>
<tr><td>200</td><td>100</td><td>2.0</td><td>−100</td><td>−170</td><td>30</td><td>0.30</td><td>−84.90%</td></tr>
<tr><td>150</td><td>100</td><td>1.5</td><td>−100</td><td>−170</td><td>−20</td><td>−0.20</td><td>−113.19%</td></tr>
<tr><td>100</td><td>100</td><td>1.0</td><td>−100</td><td>−170</td><td>−70</td><td>−0.70</td><td>−169.79%</td></tr>
</table>

<table>
<tr><td colspan="9" align="center">雷丁</td></tr>
<tr><td>单元</td><td>英亩数</td><td>密度
（单元/英亩）</td><td>人口变化</td><td>非空置
单元变化</td><td>新单元数</td><td>新密度</td><td>% 密度变化</td></tr>
<tr><td>300</td><td>100</td><td>3.0</td><td>−100</td><td>39</td><td>339</td><td>3.39</td><td>13.10%</td></tr>
<tr><td>250</td><td>100</td><td>2.5</td><td>−100</td><td>39</td><td>289</td><td>2.89</td><td>15.72%</td></tr>
<tr><td>200</td><td>100</td><td>2.0</td><td>−100</td><td>39</td><td>239</td><td>2.39</td><td>19.65%</td></tr>
<tr><td>150</td><td>100</td><td>1.5</td><td>−100</td><td>39</td><td>189</td><td>1.89</td><td>26.21%</td></tr>
<tr><td>100</td><td>100</td><td>1.0</td><td>−100</td><td>39</td><td>139</td><td>1.39</td><td>39.31%</td></tr>
</table>

<table>
<tr><td colspan="9" align="center">罗切斯特</td></tr>
<tr><td>单元</td><td>英亩数</td><td>密度
（单元/英亩）</td><td>人口变化</td><td>非空置
单元变化</td><td>新单元数</td><td>新密度</td><td>% 密度变化</td></tr>
<tr><td>300</td><td>100</td><td>3.0</td><td>−100</td><td>−81</td><td>219</td><td>2.19</td><td>−27.13%</td></tr>
<tr><td>250</td><td>100</td><td>2.5</td><td>−100</td><td>−81</td><td>169</td><td>1.69</td><td>−32.55%</td></tr>
<tr><td>200</td><td>100</td><td>2.0</td><td>−100</td><td>−81</td><td>119</td><td>1.19</td><td>−40.69%</td></tr>
<tr><td>150</td><td>100</td><td>1.5</td><td>−100</td><td>−81</td><td>69</td><td>0.69</td><td>−54.25%</td></tr>
<tr><td>100</td><td>100</td><td>1.0</td><td>−100</td><td>−81</td><td>19</td><td>0.19</td><td>−81.38%</td></tr>
</table>

<table>
<tr><td colspan="9" align="center">斯克兰顿</td></tr>
<tr><td>单元</td><td>英亩数</td><td>密度
（单元/英亩）</td><td>人口变化</td><td>非空置
单元变化</td><td>新单元数</td><td>新密度</td><td>% 密度变化</td></tr>
<tr><td>300</td><td>100</td><td>3.0</td><td>−100</td><td>−104</td><td>196</td><td>1.96</td><td>−34.62%</td></tr>
<tr><td>250</td><td>100</td><td>2.5</td><td>−100</td><td>−104</td><td>146</td><td>1.46</td><td>−41.55%</td></tr>
<tr><td>200</td><td>100</td><td>2.0</td><td>−100</td><td>−104</td><td>96</td><td>0.96</td><td>−51.93%</td></tr>
<tr><td>150</td><td>100</td><td>1.5</td><td>−100</td><td>−104</td><td>46</td><td>0.46</td><td>−69.24%</td></tr>
<tr><td>100</td><td>100</td><td>1.0</td><td>−100</td><td>−104</td><td>−4</td><td>−0.04</td><td>−103.87%</td></tr>
</table>

圣路易斯

单元	英亩数	密度 （单元/英亩）	人口变化	非空置 单元变化	新单元数	新密度	% 密度变化
300	100	3.0	−100	−19	281	2.81	−6.30%
250	100	2.5	−100	−19	231	2.31	−7.56%
200	100	2.0	−100	−19	181	1.81	−9.45%
150	100	1.5	−100	−19	131	1.31	−12.61%
100	100	1.0	−100	−19	81	0.81	−18.91%

锡拉丘兹

单元	英亩数	密度 （单元/英亩）	人口变化	非空置 单元变化	新单元数	新密度	% 密度变化
300	100	3.0	−100	−131	169	1.69	−43.75%
250	100	2.5	−100	−131	119	1.19	−52.49%
200	100	2.0	−100	−131	69	0.69	−65.62%
150	100	1.5	−100	−131	19	0.19	−87.49%
100	100	1.0	−100	−131	−31	−0.31	−131.24%

特伦顿

单元	英亩数	密度 （单元/英亩）	人口变化	非空置 单元变化	新单元数	新密度	% 密度变化
300	100	3.0	−100	−219	81	0.81	−73.00%
250	100	2.5	−100	−219	31	0.31	−87.60%
200	100	2.0	−100	−219	−19	−0.19	−109.51%
150	100	1.5	−100	−219	−69	−0.69	−146.01%
100	100	1.0	−100	−219	−119	−1.19	−219.01%

扬斯敦

单元	英亩数	密度 （单元/英亩）	人口变化	非空置 单元变化	新单元数	新密度	% 密度变化
300	100	3.0	−100	−149	151	1.51	−49.77%
250	100	2.5	−100	−149	101	1.01	−59.72%
200	100	2.0	−100	−149	51	0.51	−74.65%
150	100	1.5	−100	−149	1	0.01	−99.54%
100	100	1.0	−100	−149	−49	−0.49	−149.30%

波士顿

单元	英亩数	密度 （单元/英亩）	人口变化	非空置 单元变化	新单元数	新密度	% 密度变化
300	100	3.0	−100	−110	190	1.90	−36.67%
250	100	2.5	−100	−110	140	1.40	−44.00%
200	100	2.0	−100	−110	90	0.90	−55.00%
150	100	1.5	−100	−110	40	0.40	−73.33%
100	100	1.0	−100	−110	−10	−0.10	−110.00%

布法罗

单元	英亩数	密度 （单元/英亩）	人口变化	非空置 单元变化	新单元数	新密度	% 密度变化
300	100	3.0	−100	−120	180	1.80	−39.86%
250	100	2.5	−100	−120	130	1.30	−47.83%
200	100	2.0	−100	−120	80	0.08	−59.79%
150	100	1.5	−100	−120	30	0.30	−79.72%
100	100	1.0	−100	−120	−20	−0.20	−119.58%

卡姆登

单元	英亩数	密度 （单元/英亩）	人口变化	非空置 单元变化	新单元数	新密度	% 密度变化
300	100	3.0	−100	−117	183	1.83	−38.86%
250	100	2.5	−100	−117	133	1.33	−46.63%
200	100	2.0	−100	−117	83	0.83	−58.29%
150	100	1.5	−100	−117	33	0.33	−77.72%
100	100	1.0	−100	−117	−17	−0.17	−116.58%

坎顿

单元	英亩数	密度 （单元/英亩）	人口变化	非空置 单元变化	新单元数	新密度	% 密度变化
300	100	3.0	−100	−124	176	1.76	−41.25%
250	100	2.5	−100	−124	126	1.26	−49.50%
200	100	2.0	−100	−124	76	0.76	−61.87%
150	100	1.5	−100	−124	26	0.26	−82.50%
100	100	1.0	−100	−124	−24	−0.24	−123.74%

克利夫兰

单元	英亩数	密度 （单元/英亩）	人口变化	非空置 单元变化	新单元数	新密度	% 密度变化
300	100	3.0	−100	−131	169	1.69	−43.57%
250	100	2.5	−100	−131	119	1.19	−52.28%
200	100	2.0	−100	−131	69	0.69	−65.35%
150	100	1.5	−100	−131	19	0.19	−87.13%
100	100	1.0	−100	−131	−31	−0.31	−130.70%

代顿

单元	英亩数	密度 （单元/英亩）	人口变化	非空置 单元变化	新单元数	新密度	% 密度变化
300	100	3.0	−100	−131	169	1.69	−43.68%
250	100	2.5	−100	−131	119	1.19	−52.41%
200	100	2.0	−100	−131	69	0.69	−65.51%
150	100	1.5	−100	−131	19	0.19	−87.35%
100	100	1.0	−100	−131	−31	−0.31	−131.03%

底特律

单元	英亩数	密度 （单元/英亩）	人口变化	非空置 单元变化	新单元数	新密度	% 密度变化
300	100	3.0	−100	−237	63	0.63	−78.90%
250	100	2.5	−100	−237	13	0.13	−94.68%
200	100	2.0	−100	−237	−37	−0.37	−118.35%
150	100	1.5	−100	−237	−87	−0.87	−157.80%
100	100	1.0	−100	−237	−137	−1.37	−236.69%

弗林特

单元	英亩数	密度 （单元/英亩）	人口变化	非空置 单元变化	新单元数	新密度	% 密度变化
300	100	3.0	−100	−146	154	1.54	−48.74%
250	100	2.5	−100	−146	104	1.04	−58.49%
200	100	2.0	−100	−146	54	0.54	−73.11%
150	100	1.5	−100	−146	4	0.04	−97.48%
100	100	1.0	−100	−146	−46	−0.46	−146.23%

加里

单元	英亩数	密度（单元/英亩）	人口变化	非空置单元变化	新单元数	新密度	% 密度变化
300	100	3.0	−100	−115	185	1.85	−38.30%
250	100	2.5	−100	−115	135	1.35	−45.96%
200	100	2.0	−100	−115	85	0.85	−57.45%
150	100	1.5	−100	−115	35	0.35	−76.60%
100	100	1.0	−100	−115	−15	−0.15	−114.89%

哈特福德

单元	英亩数	密度（单元/英亩）	人口变化	非空置单元变化	新单元数	新密度	% 密度变化
300	100	3.0	−100	−153	147	1.47	−50.86%
250	100	2.5	−100	−153	97	0.97	−61.03%
200	100	2.0	−100	−153	47	0.47	−76.29%
150	100	1.5	−100	−153	−3	−0.03	−101.71%
100	100	1.0	−100	−153	−53	−0.53	−152.57%

纽瓦克

单元	英亩数	密度（单元/英亩）	人口变化	非空置单元变化	新单元数	新密度	% 密度变化
300	100	3.0	−100	−135	165	1.65	−45.05%
250	100	2.5	−100	−135	115	1.15	−54.06%
200	100	2.0	−100	−135	65	0.65	−67.57%
150	100	1.5	−100	−135	15	0.15	−90.10%
100	100	1.0	−100	−135	−35	−0.35	−135.14%

费城

单元	英亩数	密度（单元/英亩）	人口变化	非空置单元变化	新单元数	新密度	% 密度变化
300	100	3.0	−100	−92	208	2.08	−30.78%
250	100	2.5	−100	−92	158	1.58	−36.94%
200	100	2.0	−100	−92	108	1.08	−46.18%
150	100	1.5	−100	−92	58	0.58	−61.57%
100	100	1.0	−100	−92	8	0.08	−92.35%

单元	英亩数	密度 （单元/英亩）	人口变化	非空置 单元变化	新单元数	新密度	% 密度变化
			匹兹堡				
300	100	3.0	−100	−95	205	2.05	−31.83%
250	100	2.5	−100	−95	155	1.55	−38.20%
200	100	2.0	−100	−95	105	1.05	−47.74%
150	100	1.5	−100	−95	55	0.55	−63.66%
100	100	1.0	−100	−95	5	0.05	−95.49%

单元	英亩数	密度 （单元/英亩）	人口变化	非空置 单元变化	新单元数	新密度	% 密度变化
			普罗维登斯				
300	100	3.0	−100	−308	−8	−0.08	−102.57%
250	100	2.5	−100	−308	−58	−0.58	−123.09%
200	100	2.0	−100	−308	−108	−1.08	−153.86%
150	100	1.5	−100	−308	−158	−1.58	−205.14%
100	100	1.0	−100	−308	−208	−2.08	−307.71%

2000 年的城市

明尼阿波利斯

单元	英亩数	密度 （单元/英亩）	人口变化	非空置 单元变化	新单元数	新密度	% 密度变化
300	100	3.0	−100	−50	250	2.50	−16.61%
250	100	2.5	−100	−50	200	2.00	−19.93%
200	100	2.0	−100	−50	150	1.50	−24.91%
150	100	1.5	−100	−50	100	1.00	−33.21%
100	100	1.0	−100	−50	50	0.50	−49.82%

雷丁

单元	英亩数	密度 （单元/英亩）	人口变化	非空置 单元变化	新单元数	新密度	% 密度变化
300	100	3.0	−100	−163	137	1.37	−54.18%
250	100	2.5	−100	−163	87	0.87	−65.02%
200	100	2.0	−100	−163	37	0.37	−81.27%
150	100	1.5	−100	−163	−13	−0.13	−108.36%
100	100	1.0	−100	−163	−63	−0.63	−162.54%

罗切斯特

单元	英亩数	密度 （单元/英亩）	人口变化	非空置 单元变化	新单元数	新密度	% 密度变化
300	100	3.0	−100	−92	208	2.08	−30.65%
250	100	2.5	−100	−92	158	1.58	−36.77%
200	100	2.0	−100	−92	108	1.08	−45.97%
150	100	1.5	−100	−92	58	0.58	−61.29%
100	100	1.0	−100	−92	8	0.08	−91.94%

斯克兰顿

单元	英亩数	密度 （单元/英亩）	人口变化	非空置 单元变化	新单元数	新密度	% 密度变化
300	100	3.0	−100	−25	275	2.75	−8.27%
250	100	2.5	−100	−25	225	2.25	−9.92%
200	100	2.0	−100	−25	175	1.75	−12.41%
150	100	1.5	−100	−25	125	1.25	−16.54%
100	100	1.0	−100	−25	75	0.75	−24.81%

圣路易斯

单元	英亩数	密度 （单元/英亩）	人口变化	非空置 单元变化	新单元数	新密度	% 密度变化
300	100	3.0	−100	−121	179	1.79	−40.18%
250	100	2.5	−100	−121	129	1.29	−48.22%
200	100	2.0	−100	−121	79	0.79	−60.27%
150	100	1.5	−100	−121	29	0.29	−80.36%
100	100	1.0	−100	−121	−21	−0.21	−120.54%

锡拉丘兹

单元	英亩数	密度 （单元/英亩）	人口变化	非空置 单元变化	新单元数	新密度	% 密度变化
300	100	3.0	−100	−52	248	2.48	−17.30%
250	100	2.5	−100	−52	198	1.98	−20.77%
200	100	2.0	−100	−52	148	1.48	−25.96%
150	100	1.5	−100	−52	98	0.98	−34.61%
100	100	1.0	−100	−52	48	0.48	−51.91%

特伦顿

单元	英亩数	密度 （单元/英亩）	人口变化	非空置 单元变化	新单元数	新密度	% 密度变化
300	100	3.0	−100	−39	261	2.61	−13.10%
250	100	2.5	−100	−39	211	2.11	−15.72%
200	100	2.0	−100	−39	161	1.61	−19.64%
150	100	1.5	−100	−39	111	1.11	−26.19%
100	100	1.0	−100	−39	61	0.61	−39.29%

扬斯敦

单元	英亩数	密度 （单元/英亩）	人口变化	非空置 单元变化	新单元数	新密度	% 密度变化
300	100	3.0	−100	−58	242	2.42	−19.26%
250	100	2.5	−100	−58	190	1.92	−23.11%
200	100	2.0	−100	−58	142	1.42	−28.89%
150	100	1.5	−100	−58	92	0.92	−38.52%
100	100	1.0	−100	−58	42	0.42	−57.78%

波士顿

单元	英亩数	密度（单元/英亩）	人口变化	非空置单元变化	新单元数	新密度	% 密度变化
300	100	3.0	−100	−68	232	2.32	−22.62%
250	100	2.5	−100	−68	182	1.82	−27.14%
200	100	2.0	−100	−68	132	1.32	−33.93%
150	100	1.5	−100	−68	82	0.82	−45.23%
100	100	1.0	−100	−68	32	0.32	−67.85%

布法罗

单元	英亩数	密度（单元/英亩）	人口变化	非空置单元变化	新单元数	新密度	% 密度变化
300	100	3.0	−100	−79	221	2.21	−26.22%
250	100	2.5	−100	−79	171	1.71	−31.46%
200	100	2.0	−100	−79	121	1.21	−39.33%
150	100	1.5	−100	−79	71	0.71	−52.44%
100	100	1.0	−100	−79	21	0.21	−78.66%

卡姆登

单元	英亩数	密度（单元/英亩）	人口变化	非空置单元变化	新单元数	新密度	% 密度变化
300	100	3.0	−100	−53	247	2.47	−17.67%
250	100	2.5	−100	−53	197	1.97	−21.20%
200	100	2.0	−100	−53	147	1.47	−26.50%
150	100	1.5	−100	−53	97	0.97	−35.33%
100	100	1.0	−100	−53	47	0.47	−53.00%

坎顿

单元	英亩数	密度（单元/英亩）	人口变化	非空置单元变化	新单元数	新密度	% 密度变化
300	100	3.0	−100	−55	245	2.45	−18.39%
250	100	2.5	−100	−55	195	1.95	−22.06%
200	100	2.0	−100	−55	145	1.45	−27.58%
150	100	1.5	−100	−55	95	0.95	−36.77%
100	100	1.0	−100	−55	45	0.45	−55.16%

克利夫兰

单元	英亩数	密度（单元/英亩）	人口变化	非空置单元变化	新单元数	新密度	% 密度变化
300	100	3.0	−100	−74	226	2.26	−24.59%
250	100	2.5	−100	−74	176	1.76	−29.50%
200	100	2.0	−100	−74	126	1.26	−36.88%
150	100	1.5	−100	−74	76	0.76	−49.17%
100	100	1.0	−100	−74	26	0.26	−73.76%

代顿

单元	英亩数	密度（单元/英亩）	人口变化	非空置单元变化	新单元数	新密度	% 密度变化
300	100	3.0	−100	−31	269	2.69	−10.25%
250	100	2.5	−100	−31	219	2.19	−12.29%
200	100	2.0	−100	−31	169	1.69	−15.37%
150	100	1.5	−100	−31	119	1.19	−20.49%
100	100	1.0	−100	−31	69	0.69	−30.74%

底特律

单元	英亩数	密度（单元/英亩）	人口变化	非空置单元变化	新单元数	新密度	% 密度变化
300	100	3.0	−100	−89	211	2.11	−29.61%
250	100	2.5	−100	−89	161	1.61	−35.54%
200	100	2.0	−100	−89	111	1.11	−44.42%
150	100	1.5	−100	−89	61	0.61	−59.23%
100	100	1.0	−100	−89	11	0.11	−88.84%

弗林特

单元	英亩数	密度（单元/英亩）	人口变化	非空置单元变化	新单元数	新密度	% 密度变化
300	100	3.0	−100	−74	226	2.26	−24.74%
250	100	2.5	−100	−74	176	1.76	−29.68%
200	100	2.0	−100	−74	126	1.26	−37.10%
150	100	1.5	−100	−74	76	0.76	−49.47%
100	100	1.0	−100	−74	26	0.26	−74.21%

加里

单元	英亩数	密度 （单元/英亩）	人口变化	非空置 单元变化	新单元数	新密度	% 密度变化
300	100	3.0	−100	−130	170	1.70	−43.31%
250	100	2.5	−100	−130	120	1.20	−51.97%
200	100	2.0	−100	−130	70	0.70	−64.96%
150	100	1.5	−100	−130	20	0.20	−86.61%
100	100	1.0	−100	−130	−30	−0.30	−129.92%

哈特福德

单元	英亩数	密度 （单元/英亩）	人口变化	非空置 单元变化	新单元数	新密度	% 密度变化
300	100	3.0	−100	−45	255	2.55	−15.05%
250	100	2.5	−100	−45	205	2.05	−18.05%
200	100	2.0	−100	−45	155	1.55	−22.57%
150	100	1.5	−100	−45	105	1.05	−30.09%
100	100	1.0	−100	−45	55	0.55	−45.14%

纽瓦克

单元	英亩数	密度 （单元/英亩）	人口变化	非空置 单元变化	新单元数	新密度	% 密度变化
300	100	3.0	−100	−100	200	2.00	−33.45%
250	100	2.5	−100	−100	150	1.50	−40.14%
200	100	2.0	−100	−100	100	1.00	−50.18%
150	100	1.5	−100	−100	50	0.50	−66.90%
100	100	1.0	−100	−100	0	0.00	−100.35%

费城

单元	英亩数	密度 （单元/英亩）	人口变化	非空置 单元变化	新单元数	新密度	% 密度变化
300	100	3.0	−100	−64	236	2.36	−21.47%
250	100	2.5	−100	−64	186	1.86	−25.77%
200	100	2.0	−100	−64	136	1.36	−32.21%
150	100	1.5	−100	−64	86	0.86	−42.94%
100	100	1.0	−100	−64	36	0.36	−64.42%

匹兹堡							
单元	英亩数	密度 （单元/英亩）	人口变化	非空置 单元变化	新单元数	新密度	% 密度变化
300	100	3.0	−100	−54	246	2.46	−18.08%
250	100	2.5	−100	−54	196	1.96	−21.70%
200	100	2.0	−100	−54	146	1.46	−27.12%
150	100	1.5	−100	−54	96	0.96	−36.16%
100	100	1.0	−100	−54	46	0.46	−54.24%

普罗维登斯							
单元	英亩数	密度 （单元/英亩）	人口变化	非空置 单元变化	新单元数	新密度	% 密度变化
300	100	3.0	−100	−61	239	2.39	−20.29%
250	100	2.5	−100	−61	189	1.89	−24.35%
200	100	2.0	−100	−61	139	1.39	−30.43%
150	100	1.5	−100	−61	89	0.89	−40.58%
100	100	1.0	−100	−61	39	0.39	−60.87%

1980		
因变量：非空置单元变化		
	贝塔系数	平均值
常数	80.57	—
贫困居民	0.14	−59.1224
高校毕业生	0.40	−39.4161
出生于海外	0.22	−87.2751
失业者	0.36	78.7844
非洲裔美国人	0.05	−479.3054
% 接受公共援助者	−0.25	146.7436
超过 65 岁	0.75	−88.3625
十年人口变化	0.17	−1416.8147
虚拟变量 – 明尼阿波利斯	129.62	—
虚拟变量 – 雷丁	−5.57	—
虚拟变量 – 罗切斯特	57.39	—
虚拟变量 – 斯克兰顿	−28.73	—
虚拟变量 – 圣路易斯	−112.43	—
虚拟变量 – 锡拉丘兹	−34.30	—
虚拟变量 – 特伦顿	113.55	—
虚拟变量 – 扬斯敦	−47.68	—
虚拟变量 – 波士顿	166.28	—
虚拟变量 – 布法罗	53.21	—
Camd_DUM	−68.62	—
Cant_DUM	3.72	—
虚拟变量 – 克利夫兰	−37.52	—
虚拟变量 – 代顿	12.27	—
虚拟变量 – 底特律	−24.60	—
虚拟变量 – 弗林特	−47.83	—
虚拟变量 – 加里	−37.51	—
虚拟变量 – 哈特福德	−25.61	—
虚拟变量 – 明尼阿波利斯	129.62	—
虚拟变量 – 纽瓦克	−60.64	—
虚拟变量 – 费城	−69.50	—
虚拟变量 – 匹兹堡	−44.89	—
虚拟变量 – 普罗维登斯	−157.58	—

1990		
因变量：非空置单元变化		
	贝塔系数	平均值
常数	50.14	—
贫困居民	−0.01	−41.5431
高校毕业生	0.16	−62.1608
出生于海外	0.31	−39.2005
失业者	0.16	−20.1538
非洲裔美国人	0.12	−291.7016
% 接受公共援助者	0.32	−36.6946
超过 65 岁	0.62	−25.4382
十年人口变化	0.09	−568.4184
虚拟变量 – 雷丁	84.80	—
虚拟变量 – 罗切斯特	−35.88	—
虚拟变量 – 斯克兰顿	−58.37	—
虚拟变量 – 圣路易斯	26.59	—
虚拟变量 – 锡拉丘兹	−85.74	—
虚拟变量 – 特伦顿	−173.52	—
虚拟变量 – 扬斯敦	−103.81	—
虚拟变量 – 波士顿	−64.51	—
虚拟变量 – 布法罗	−74.08	—
Camd_DUM	−71.08	—
Cant_DUM	−78.25	—
虚拟变量 – 克利夫兰	−85.20	—
虚拟变量 – 代顿	−85.53	—
虚拟变量 – 底特律	−150.02	—
虚拟变量 – 弗林特	−59.55	—
虚拟变量 – 加里	−69.40	—
虚拟变量 – 哈特福德	−107.08	—
虚拟变量 – 明尼阿波利斯	−124.30	—
虚拟变量 – 纽瓦克	−89.65	—
虚拟变量 – 费城	−46.86	—
虚拟变量 – 匹兹堡	−50.00	—
虚拟变量 – 普罗维登斯	−262.22	—

因变量：非空置单元变化

	贝塔系数	平均值
常数	32.01	—
贫困居民	0.07	−226.6445
高校毕业生	0.08	−52.3077
出生于海外	0.05	11.3112
失业者	−0.05	−51.9918
非洲裔美国人	0.00	−217.1585
% 接受公共援助者	0.34	−55.5291
超过 65 岁	0.36	−67.3193
十年人口变化	0.17	−446.1585
虚拟变量 – 雷丁	−118.33	—
虚拟变量 – 罗切斯特	−47.73	—
虚拟变量 – 斯克兰顿	19.39	—
虚拟变量 – 圣路易斯	−76.34	—
虚拟变量 – 锡拉丘兹	−7.71	—
虚拟变量 – 特伦顿	4.92	—
虚拟变量 – 扬斯敦	−13.58	—
虚拟变量 – 波士顿	−23.65	—
虚拟变量 – 布法罗	−34.45	—
Camd_DUM	−8.80	—
Cant_DUM	−10.95	—
虚拟变量 – 克利夫兰	−29.55	—
虚拟变量 – 代顿	13.47	—
虚拟变量 – 底特律	−44.64	—
虚拟变量 – 弗林特	−30.00	—
虚拟变量 – 加里	−85.71	—
虚拟变量 – 哈特福德	−0.93	—
虚拟变量 – 明尼阿波利斯	−5.61	—
虚拟变量 – 纽瓦克	−56.15	—
虚拟变量 – 费城	−20.21	—
虚拟变量 – 匹兹堡	−10.03	—
虚拟变量 – 普罗维登斯	−16.67	—

附录 B

城市	州	城市边界中所有邮政编码区的总面积	2006年2月的非空置单元 (OHU)	2009年2月的非空置单元 (OHU)	2006—2009年非空置单元的变化		2006年2月非空置单元密度	2009年2月非空置单元密度	非空置单元减少的邮政区数量
					数量	变化率%			
新奥尔良市	路易斯安那州	105163	217451	165198	-52253	-24%	2.1	1.6	16
钱德勒市	亚利桑那州	81478	96992	87241	-9751	-10%	1.2	1.1	5
斯科茨代尔市	亚利桑那州	536280	150482	144325	-6157	-4%	0.3	0.3	9
吉尔伯特镇	亚利桑那州	25309	44307	42539	-1768	-4%	1.8	1.7	2
格伦代尔市	亚利桑那州	52078	106098	101951	-4147	-4%	2.0	2.0	7
里诺市	内华达州	1036474	80775	78745	-2030	-3%	0.1	0.1	2
克利尔沃特市	佛罗里达州	36098	91022	89264	-1758	-2%	2.5	2.5	9
圣彼得堡市	佛罗里达州	55359	176961	173839	-3122	-2%	3.2	3.1	13
庞帕诺比奇市	佛罗里达州	58839	182880	179833	-3047	-2%	3.1	3.1	10
劳德代尔堡市	佛罗里达州	125086	334285	328744	-5541	-2%	2.7	2.6	21
彭布罗克派恩斯市	佛罗里达州	14007	43999	43353	-646	-1%	3.1	3.1	3
圣贝纳迪诺市	加利福尼亚州	106139	69207	68331	-876	-1%	0.7	0.6	5
梅萨市	亚利桑那州	173988	182805	180895	-1910	-1%	1.1	1.0	9
好莱坞市	佛罗里达州	11620	50581	50137	-444	-1%	4.4	4.3	2

续表

城市	州	城市边界中所有邮政编码区的总面积	2006年2月的非空置单元（OHU）	2009年2月的非空置单元（OHU）	2006—2009年非空置单元的变化 数量	2006—2009年非空置单元的变化 变化率%	2006年2月非空置单元密度	2009年2月非空置单元密度	非空置单元减少的邮政区数量
唐尼市	加利福尼亚州	8008	34662	34372	-290	-1%	4.3	4.3	3
诺沃克市	加利福尼亚州	6268	27436	27226	-210	-1%	4.4	4.3	1
圣安娜市	加利福尼亚州	27450	102039	101296	-743	-1%	3.7	3.7	5
长滩市	加利福尼亚州	44603	196119	195045	-1074	-1%	4.4	4.4	11
莫德斯托市	加利福尼亚州	136310	87614	87192	-422	0%	0.6	0.6	5
里士满市	加利福尼亚州	24191	58551	58297	-254	0%	2.4	2.4	3
波莫纳市	加利福尼亚州	27439	55712	55498	-214	0%	2.0	2.0	2
莱克伍德市	科罗拉多州	7695	30495	30379	-116	0%	4.0	3.9	3
富勒顿市	加利福尼亚州	13572	46615	46452	-163	0%	3.4	3.4	3
阿灵顿市	得克萨斯州	—	33949	33833	-116	0%	—	—	1
坦佩市	亚利桑那州	27344	66584	66407	-177	0%	2.4	2.4	2
亨廷顿比奇市	加利福尼亚州	18435	76965	76822	-143	0%	4.2	4.2	3
达拉斯市	得克萨斯州	213619	464845	464409	-436	0%	2.2	2.2	19
杰克逊城市	密西西比州	127386	41107	41095	-12	0%	0.3	0.3	2

城市	州	城市边界中所有邮政编码区的总面积	2006年2月的非空置单元（OHU）	2009年2月的非空置单元（OHU）	2006—2009年非空置单元的变化		2006年2月非空置单元密度	2009年2月非空置单元密度	非空置单元减少的邮政区数量
					数量	变化率%			
格伦代尔市	加利福尼亚州	21281	77252	77259	7	0%	3.6	3.6	3
海沃德市	加利福尼亚州	63765	79146	79157	11	0%	1.2	1.2	2
查尔斯顿市	南卡罗来纳州	141130	106455	106523	68	0%	0.8	0.8	2
斯托克顿市	加利福尼亚州	251218	114188	114317	129	0%	0.5	0.5	6
西科维纳市	加利福尼亚州	10410	32717	32776	59	0%	3.1	3.1	1
费尔菲尔德市	加利福尼亚州	27357	24880	24931	51	0%	0.9	0.9	1
里弗赛德市	加利福尼亚州	105810	122281	122551	270	0%	1.2	1.2	5
萨利纳斯市	加利福尼亚州	186428	52438	52557	119	0%	0.3	0.3	1
图森市	亚利桑那州	1130516	317096	317970	874	0%	0.3	0.3	13
安纳海姆市	加利福尼亚州	33470	103376	103700	324	0%	3.1	3.1	3
埃斯孔迪多市	加利福尼亚州	98890	55355	55540	185	0%	0.6	0.6	1
菲尼克斯市	亚利桑那州	345732	464156	465713	1557	0%	1.3	1.3	25
科斯塔梅萨市	加利福尼亚州	11729	40760	40930	170	0%	3.6	3.6	1
加登格罗夫市	加利福尼亚州	11407	47245	47496	251	1%	4.1	4.2	0

续表

城市	州	城市边界中所有邮政编码区的总面积	2006年2月的非空置单元（OHU）	2009年2月的非空置单元（OHU）	2006—2009年非空置单元的变化		2006年2月非空置单元密度	2009年2月非空置单元密度	非空置单元减少的邮政区数量
					数量	变化率%			
康科德市	加利福尼亚州	30385	60785	61122	337	1%	2.0	2.0	2
盖恩斯维尔	佛罗里达州	49312	38800	39050	250	1%	0.8	0.8	1
帕萨迪纳市	得克萨斯州	26351	50098	50426	328	1%	1.9	1.9	1
伯班克市	加利福尼亚州	11366	44296	44623	327	1%	3.9	3.9	1
埃尔帕索	新墨西哥州	1472	2960	2987	27	1%	2.0	2.0	0
戴利城市	加利福尼亚州	7588	32855	33160	305	1%	4.3	4.4	0
伯明翰市	亚拉巴马州	227995	209591	211779	2188	1%	0.9	0.9	16
瓦列霍市	加利福尼亚州	43363	44246	44712	466	1%	1.0	1.0	1
绍曾德奥克斯市	加利福尼亚州	58797	51911	52477	566	1%	0.9	0.9	1
英格尔伍德市	加利福尼亚州	6870	43568	44065	497	1%	6.3	6.4	2
洛杉矶市	加利福尼亚州	133798	842230	851986	9756	1%	6.3	6.4	24
托伦斯市	加利福尼亚州	15038	63760	64514	754	1%	4.2	4.3	0
奥克兰市	加利福尼亚州	40265	165625	167694	2069	1%	4.1	4.2	5

城市	州	城市边界中所有邮政编码区的总面积	2006年2月的非空置单元（OHU）	2009年2月的非空置单元（OHU）	2006—2009年非空置单元的变化		2006年2月非空置单元密度	2009年2月非空置单元密度	非空置单元减少的邮政区数量
					数量	变化率%			
萨克拉门托市	加利福尼亚州	140429	294396	298213	3817	1%	2.1	2.1	14
海厄利亚市	佛罗里达州	37474	109462	110932	1470	1%	2.9	3.0	2
蒙哥马利市	亚拉巴马州	208798	84367	85595	1228	1%	0.4	0.4	6
弗里蒙特市	加利福尼亚州	50505	70978	72024	1046	1%	1.4	1.4	0
皮奥里亚市	亚利桑那州	55455	45611	46297	686	2%	0.8	0.8	1
艾尔蒙地市	加利福尼亚州	9721	32216	32705	489	2%	3.3	3.4	0
安大略市	加利福尼亚州	28485	45359	46091	732	2%	1.6	1.6	2
弗雷斯诺市	加利福尼亚州	197120	138693	140983	2290	2%	0.7	0.7	8
米拉马市	佛罗里达州	32401	77809	79097	1288	2%	2.4	2.4	1
伯克利市	加利福尼亚州	9900	56456	57402	946	2%	5.7	5.8	1
拉斯维加斯市	内华达州	1435019	897070	912178	15108	2%	0.6	0.6	44
梅斯基特市	得克萨斯州	46773	57725	58720	995	2%	1.2	1.3	1
加兰市	得克萨斯州	41600	82618	84078	1460	2%	2.0	2.0	2
圣荷西市	加利福尼亚州	218960	306281	311791	5510	2%	1.4	1.4	9

续表

城市	州	城市边界中所有邮政编码区的总面积	2006 年 2 月的非空置单元（OHU）	2009 年 2 月的非空置单元（OHU）	2006—2009 年非空置单元的变化		2006 年 2 月非空置单元密度	2009 年 2 月非空置单元密度	非空置单元减少的邮政区数量
					数量	变化率 %			
文图拉市	加利福尼亚州	92027	42540	43310	770	2%	0.5	0.5	1
帕萨迪纳市	加利福尼亚州	18488	65585	66842	1257	2%	3.5	3.6	2
盐湖城	犹他州	211527	152404	155334	2930	2%	0.7	0.7	3
旧金山市	加利福尼亚州	29739	336535	343010	6475	2%	11.3	11.5	12
圣地亚哥市	加利福尼亚州	190917	477343	487011	9668	2%	2.5	2.6	13
奥克斯纳德市	加利福尼亚州	42901	42037	42908	871	2%	1.0	1.0	0
丘拉维斯塔市	加利福尼亚州	34739	73287	74887	1600	2%	2.1	2.2	2
博蒙特市	得克萨斯州	236635	52894	54104	1210	2%	0.2	0.2	3
森尼韦尔市	加利福尼亚州	15369	45915	46981	1066	2%	3.0	3.1	0
橙市	加利福尼亚州	17403	46296	47402	1106	2%	2.7	2.7	1
亨德森市	内华达州	121374	47699	48858	1159	2%	0.4	0.4	1
卡罗尔顿市	得克萨斯州	24318	43521	44610	1089	3%	1.8	1.8	0
莫比尔市	亚拉巴马州	179613	111639	114480	2841	3%	0.6	0.6	6
坦帕市	佛罗里达州	159304	264806	271765	6959	3%	1.7	1.7	8

城市	州	城市边界中所有邮政编码区的总面积	2006年2月的非空置单元（OHU）	2009年2月的非空置单元（OHU）	2006—2009非空置单元的变化		2006年2月非空置单元密度	2009年2月非空置单元密度	非空置单元减少的邮政区数量
					数量	变化率 %			
小石城	阿肯色州	182318	93878	96390	2512	3%	0.5	0.5	4
圣克拉拉市	加利福尼亚州	11770	42231	43376	1145	3%	3.6	3.7	0
西米谷市	加利福尼亚州	48703	41629	42796	1167	3%	0.9	0.9	0
迈阿密市	佛罗里达州	390504	688328	708726	20398	3%	1.8	1.8	18
阿比林市	得克萨斯州	282868	47022	48448	1426	3%	0.2	0.2	1
欧文市	得克萨斯州	43992	84635	87218	2583	3%	1.9	2.0	2
什里夫波特市	路易斯安那州	273075	92449	95322	2873	3%	0.3	0.3	3
圣塔克拉利塔	加利福尼亚州	261535	66115	68228	2113	3%	0.3	0.3	2
方塔纳市	加利福尼亚州	33048	53356	55077	1721	3%	1.6	1.7	1
拉伯克市	得克萨斯州	272905	94906	98072	3166	3%	0.3	0.4	6
哥伦布市	乔治亚州	83652	75230	77801	2571	3%	0.9	0.9	2
阿尔伯克基市	新墨西哥州	264826	225384	233306	7922	4%	0.9	0.9	3
休斯敦市	得克萨斯州	534509	1069387	1107185	37798	4%	2.0	2.1	31
圣罗莎市	加利福尼亚州	117779	76818	79585	2767	4%	0.7	0.7	0

续表

城市	州	城市边界中所有邮政编码区的总面积	2006年2月的非空置单元（OHU）	2009年2月的非空置单元（OHU）	2006—2009年非空置单元的变化		2006年2月非空置单元密度	2009年2月非空置单元密度	非空置单元减少的邮政区数量
					数量	变化率%			
亨茨维尔市	亚拉巴马州	145247	76826	79657	2831	4%	0.5	0.5	1
韦科市	得克萨斯州	205100	65501	67926	2425	4%	0.3	0.3	2
奥兰多市	佛罗里达州	299662	319086	331082	11996	4%	1.1	1.1	10
普若佛市	犹他州	74294	31138	32329	1191	4%	0.4	0.4	0
萨凡纳市	乔治亚州	236468	92861	96414	3553	4%	0.4	0.4	2
科珀斯克里斯蒂市	得克萨斯州	179191	109521	113948	4427	4%	0.6	0.6	4
巴吞鲁日市	路易斯安那州	150307	152517	158689	6172	4%	1.0	1.1	2
北拉斯维加斯市	内华达州	26563	46970	49044	2074	4%	1.8	1.8	1
阿马里洛市	得克萨斯州	395380	80903	84497	3594	4%	0.2	0.2	4
亚特兰大市	乔治亚州	60394	136497	142587	6090	4%	2.3	2.4	1
埃尔帕索市	得克萨斯州	613128	218348	228100	9752	4%	0.4	0.4	4
莫雷诺谷市	加利福尼亚州	67962	49118	51370	2252	5%	0.7	0.8	2

城市	州	城市边界中所有邮政编码区的总面积	2006年2月的非空置单元（OHU）	2009年2月的非空置单元（OHU）	2006—2009年非空置单元的变化		2006年2月非空置单元密度	2009年2月非空置单元密度	非空置单元减少的邮政区数量
					数量	变化率%			
温斯顿塞勒姆市	北卡罗来纳州	111742	82593	86508	3915	5%	0.7	0.8	0
塔拉哈西市	佛罗里达州	359835	83788	87884	4096	5%	0.2	0.2	0
罗斯维尔市	加利福尼亚州	53922	52133	54750	2617	5%	1.0	1.0	0
费耶特维尔市	北卡罗来纳州	241335	92356	97087	4731	5%	0.4	0.4	1
埃尔克格罗夫市	加利福尼亚州	85872	37771	39745	1974	5%	0.4	0.5	0
麦卡伦市	得克萨斯州	36591	43201	45561	2360	5%	1.2	1.2	0
库卡蒙格牧场市	加利福尼亚州	40424	51872	54721	2849	5%	1.3	1.4	1
棕榈谷市	加利福尼亚州	170699	48103	50817	2714	6%	0.3	0.3	1
拉法叶市	路易斯安那州	61290	59247	62703	3456	6%	1.0	1.0	0
普莱诺市	得克萨斯州	48599	100156	106002	5846	6%	2.1	2.2	0
德罕市	北卡罗来纳州	116318	84716	89690	4974	6%	0.7	0.8	0
杰克逊维尔市	佛罗里达州	540694	364701	386134	21433	6%	0.7	0.7	8

续表

城市	州	城市边界中所有邮政编码区的总面积	2006年2月的非空置单元（OHU）	2009年2月的非空置单元（OHU）	2006—2009年非空置单元的变化		2006年2月非空置单元密度	2009年2月非空置单元密度	非空置单元减少的邮政区数量
					数量	变化率%			
哥伦比亚市	南卡罗来纳州	183605	126260	133729	7469	6%	0.7	0.7	2
奥罗拉市	科罗拉多州	225211	379624	403793	24169	6%	1.7	1.8	6
布朗斯维尔市	得克萨斯州	96047	54253	57836	3583	7%	0.6	0.6	0
奥斯汀市	得克萨斯州	336906	367634	392277	24643	7%	1.1	1.2	4
贝克斯菲尔德市	加利福尼亚州	722742	151097	161232	10135	7%	0.2	0.2	3
卡端	北卡罗来纳州	11424	15502	16566	1064	7%	1.4	1.5	0
沃思堡市	得克萨斯州	294938	299478	320181	20703	7%	1.0	1.1	8
兰开斯特市	加利福尼亚州	336987	54948	58814	3866	7%	0.2	0.2	1
大草原城	得克萨斯州	40427	51560	55399	3839	7%	1.3	1.4	0
拉雷多市	得克萨斯州	475341	62299	66936	4707	8%	0.1	0.1	1
夏洛特市	北卡罗来纳州	256750	301666	324921	23255	8%	1.2	1.3	4
圣安东尼奥市	得克萨斯州	565540	539495	581678	42183	8%	1.0	1.0	14
维塞利亚市	加利福尼亚州	145766	43253	46678	3425	8%	0.3	0.3	0

城市	州	城市边界中所有邮政编码区的总面积	2006年2月的非空置单元（OHU）	2009年2月的非空置单元（OHU）	2006—2009年非空置单元的变化		2006年2月非空置单元密度	2009年2月非空置单元密度	非空置单元减少的邮政区数量
					数量	变化率%			
塞顿市	得克萨斯州	59790	26996	29155	2159	8%	0.5	0.5	0
开普科勒尔市	佛罗里达州	65487	64684	70462	5778	9%	1.0	1.1	2
科罗纳市	加利福尼亚州	89479	60585	66110	5525	9%	0.7	0.7	1
尔湾市	加利福尼亚州	38958	60112	66824	6712	11%	1.5	1.7	0
基林市	得克萨斯州	299745	59516	66320	6804	11%	0.2	0.2	1
圣露西港市	佛罗里达州	122840	65075	72584	7509	12%	0.5	0.6	0
所有城市净变化					415203				
平均值		155172			2965.7				

注释

第1章　引言

[1]此处及书中其他部分所有人名均为假名，以代替真实姓名以保护当事人隐私。

第2章　如何认识衰退

[1]尽管城市可用的工具很少，但一些城市通过昂贵的招商引资战略（特拉华州的威尔明顿）、艺术和文化投资（旧金山）以及强化优势的资产导向方法（波士顿），成功地改变了基本经济结构，有效增加了就业和人口水平。问题是，还有大多数城市无法做到这一点，也没有证据表明当前有效的策略经验可以被成功地复制到其他地区。

[2]房产"资不抵债"是2006年的房地产泡沫破裂后的一个关键症结。2009年，据估计有23%的业主处于资不抵债状态，这个比例在阳光地带甚至会更高（Simon, Hagerty, 2009）。

[3]相关学术争论的详细内容，参见Abbott（1981）和Bernard Bradley（1983）。

[4]"通过收缩走向伟大"由爱德华·格莱瑟（Edward Glaeser, 2007）在文章中提出了，这篇文章是关于年年衰落的纽约州布法罗市应该何去何从。

第3章　收缩的铁锈地带：一种衰退的模式

[1]请特别注意，我仅用每英亩的非空置住房单元数量作为土地利用标准。如第二章所述，空置和废弃的房屋是人口减少社区的重要物质空间特征。"非空置住房单元/英亩"统计指标可以对不同年度数据进行比较，并且可以揭示它们不断变化的物质空间形态。

[2]Geolytics软件包括1970—2000年将的人口普查数据，归化到2000年的普查区边界进行多年度比较。

［3］分析使用的人口普查区数量为 858 个，由于 Geolytics 数据库中存在持续性数据错误，分析不包括辛辛那提（俄亥俄州）的人口普查区。

　　［4］仅对过去十年中出现人口减少的普查区进行了回归分析。虽然所有普查区在 1970—2000 年期间都出现了人口减少，但在分析时间范围内，有些普查区的人口略有增加。为了单独分析人口减少社区的土地使用变化，人口增长的普查区在增长期间的数据在分析过程中筛除掉了。

　　［5］使用皮尔森相关系数（Pearson's r）进行相关性分析。对于增长和衰退的普查区，在所有时间段内人口变化和非空置住房单元变化之间的关系在 0.01 显著水平上具有相关性。

　　［6］在相互关联的变量时，多重共线性是一个问题。但我对所有回归进行了共线性诊断，没有发现多重共线性。标准统计分析表明，当特征值接近于 0，并且条件指数超过 30 时，多重共线性才会是一个问题（Belsley et al., 1980）。在本文分析中，结果特征值都远高于零，任何回归的条件指数都不超过 17（大多数都远低于 15），表明数据中没有多重共线性。

第 5 章　收缩城市社区发展的新模型

　　［1］新城市主义者推广截面模型的主要方式是通过基于形态的区划。更多信息，请查阅 www.formbasedcodes.org。

　　［2］研究助理 Sarah Spicer 和 Michelle Moon 帮助绘制了图 5.2。

　　［3］在蓬勃发展的精明收缩领域，许多作者给出了策略设想（Hollander, Poper2007；Schwarz, Rugare, 2008；Schilling, Logan, 2008）。

第 6 章　阳光下的新模式：邮递员已经非常清楚

　　［1］调查中的东北部城市（平均）规模较大，人均废弃建筑数量（7.47 栋废弃建筑物 / 千人）远高于南部（2.98）和西部（0.62）。

　　［2］北纬 37 度以南的三个联邦州（俄克拉荷马州、密苏里州和田纳西州）被排除在外，因为相关文献普遍认为它们不属于阳光地带。

　　［3］被移除的城市有：雅典—克拉克、奥古斯塔—里士满、格林斯博罗市、罗利市、威奇托福尔斯市、欧申赛德和珊瑚泉。

　　［4］自从 2008 年受到古斯塔夫飓风（Gustav）袭击后，巴吞鲁日人口继续流失。但有意思的是，在卡特里娜飓风袭击之前，新奥尔良在 2000—2005 年期间就每年失去 5000 到 1 万人。在 2005 年里（飓风年），这个城市失去了 245000 人，自那以后人口逐年稳步增长。

　　［5］值得注意的是，当在我开始获取邮政服务数据的时候，美国住房和城市发展部也准备发布其自己修编的住房空置数据。遗憾的是，该数据格式无法在本研究中使用。我目前正在另一个研究项目中比较使用美国住房和城市发展

部数据和美国邮政局数据，使用证明它们很有价值。

[6]也就是说，根据"邮政公报"审查的记录，邮政编码边界在此期间没有变化。此外，我的分析中排除了42个邮政区，因为这些邮政区在2000年人口普查中列出的等效邮政编码中没有对应数据。

第7章　中央谷地的新变化：弗雷斯诺的衰退

[1]弗雷斯诺县是组成圣华金河谷的八个县之一，这是蓝图项目规划的编制主体。

[2]人口持续增长的原因可能是由于该市的土地兼并政策。几年来，该市一直通过政策兼并城市中的飞地——即将完全被城市围绕的县郡土地（所谓的飞地）（Benjamin，2009）。

[3]2000年人口普查数据显示该社区共有3943个住房单元——这种差异可能是由于六年时间间隔内房屋单元的损失或更有可能是因为人口普查和美国邮政局数据收集方式的不同导致的。但是，将来自人口普查的2000年的住房单元数据与来自美国邮政局的2000年住房单元数据进行相似度分析，使用皮尔森相关系数分析发现数据集是99%相关的。

[4]奇怪的是，很多可能导致邮政区变化的新的开发项目，都还是空置的。

[5]这一系列文献包括大量书籍，例如Newman（1972），Bright（2000），Greenstein和Sungu-Eryilmaz（2004），Byrum（1992）和数百篇关于城市研究的期刊文章，包括《Urban Studies》、《Urban Affairs Review》、《Journal of the AmericanPlanning Association》、《Journal of Planning Education and Research》和《Urban Geography》。

[6]另一个相关的例外是Nemeth（2006）对滑板运动者对费城爱情公园（Love Park）公共空间的争议性使用。

第8章　荒漠中的无限增长？菲尼克斯的衰落

[1]斯威林最初将该居民点命名为"南瓜村"（Pumpkinville），但它很快就更名为菲尼克斯（Phoenix），使重生的比喻更加完整。

[2]美国规划协会2008年给山体保护区颁发了"全国规划地标奖"（National Planning Landmark），认可了这一非凡的成就。

[3]美国环境保护署（Environment Protection Agency，EPA）的精明增长办公室在其网站上将菲尼克斯轻轨投资作为典范，见 www.epa.gov/dced/sgia_communities.htm#az。此外，国家应用技术中心（National Center for Appropriate Technology）的智能社区网络在其网站上将菲尼克斯作为成功事例，请访问 www.smartcommunities.ncat.org/success/phoenix.shtml。

［4］根据房地产投资公司 Cushman & Wakefield（2008）的报告，2008 年秋季，建筑和金融领域占菲尼克斯大都市区内就业人数的 18%。

［5］"拉文市民房地产开发"是由环境保护活动家和反对新环境发展的 Nimbys* 组成的松散组织。他们在解决止赎和遗弃问题方面没有发挥实质性作用。

［6］总有一些散布在城市或城镇的公园或保护区是例外。

第 9 章　魔法王国外的废弃：奥兰多哪里出了问题？

［1］在总人口 50 万 -100 万的都市区。

［2］地方政府总是选择容易解决的问题下手是我上一本书《被污染的和危险的：美国最糟糕的废弃房地产及可实施的措施应对》的主题（2009，University of Vermont Press）。

［3］例如橘郡郊区的塔吉洛公园（Tangelo Park）被 LISC 评价高止赎风险的人口普查区，其有 92.3% 首笔按揭贷款是高成本的。

［4］如果考虑乘数效应，开发项目可能会创造超过 303 个工作岗位，但每个工作岗位的平均成本仍然高得惊人。

［5］新城市主义并不是唯一能引导开发者在新开发社区或社区更新中创造场所感的设计风格，它只是当前最流行的一种。

第 10 章　走向新的城市规划

［1］在某些地方，很多其他工业和商业用途在政治上或许也是可行的。

---

* ［译者注］Nimbys: Not In My Backyard 的缩写，指代为了个人利益而反对一切土地和房产占用行为的人。

译后记

本书《城市兴衰启示录——美国的"阳光地带"与"铁锈地带"》，是近些年来国际收缩城市研究文献中常被引用的经典论著。其研究视野独树一帜，聚焦美国城市收缩的最新动向：南部阳光地带的住宅空置问题。在这个大部分美国人眼中的增长热点地区，作者发现了收缩。

本书将在"阳光地带"的新发现与"铁锈地带"的既有研究并置，在同一个分析框架下，解析和探寻了"焦蚀城市"和"锈蚀城市"的共通之处，并将去工业化下锈蚀城市的衰退经验援引到次贷危机后的南部阳光地带。首先，作者从五大湖地区后工业时期的城市收缩谈起。在全球产业转移和结构升级冲击下，这些传统制造业基地的产业工人面临艰难的抉择：或是追随就业、背井离乡，或是流离失业、独守空城。2006年次贷危机后，阳光地带的居民也面对同样的窘境：有些人因为失去还贷能力而丢失了住所，有些人由于街区房屋空置而资产贬值、饱受社区衰退折磨。书中生动地介绍了弗雷斯诺、菲尼克斯、奥兰多三个城市中9个收缩片区的案例分析，详细阐述了美国西南、中南、东南部的典型收缩城市的现象、机制和政策应对。

作者不仅是写作经验丰富的学者，同时也具有在地方政府部门从事城市与区域规划的工作经验。因此，本书在描述现象、解释机制的同时，也不回避对政策应对的讨论。书中对锈蚀城市应用的主要规划政策工具（如土地银行、社区发展合作组织等）进行了总结和评价，也对阳光地带应用的新政策方法（如精明增长、政府住房赎回、社会稳定计划等）进行了详细介绍。并且，在"精明收缩"的大概念框架下，作者也提出了自己的新政策设想："弹性区划"和"反向土地开发模型"。

虽然中国和美国在城镇化发展和城市管理方面有诸多不同，但是，所面对的城市（镇）收缩现象和问题仍有相通之处。本书丰富的实证案例对国内研究者了解美国收缩城市政策具有较大的参考价值。并且，书中讨论的政策工具也有可能为我国城乡规划从业人员提供参考，指导我们在未来人口收缩的情景下思考有效的城镇发展对策。

本书的翻译工作由湖南大学建筑学院 3S 实验室研究团队集体完成。除了本书两位主要译者的编译、校对工作以外，董丹梨完成了致谢、前言、第 1 章、第 10 章和索引的翻译工作；赵群荟完成了第 2、3 章的翻译工作，张海涛完成了第 4、5 章的翻译工作，刘力銮完成了第 6 章的翻译工作，涂婳完成了第 7 章和附录的翻译工作，和琳怡完成了第 8 章的翻译工作，杜彬完成了第 9 章的翻译工作。感谢国家留学基金管理委员会的中美富布赖特研究学者项目资助了我在塔夫茨大学的访问学习，因此才有了与本书作者深入交流的机会。还需要特别感谢中国建筑出版传媒有限公司的编辑，没有他们的热情工作，本书也不会与中国读者见面。最后，感谢家人和朋友对本人研究工作的关心和大力支持。

周恺

2018 年 12 月 30 日

译者简介

周恺，男，湖南大学建筑学院城乡规划系副教授，英国曼彻斯特大学博士，美国富布莱特学者，国家注册规划师。主要研究方向：收缩城市研究和规划应对、城乡规划中的社会公正、规划支持系统、城市/区域空间数据分析。

董丹梨，女，湖南大学建筑学院城乡规划专业硕士研究生，主要研究方向：区域发展与规划、城市规划中的社会公正、城市社会安全规划。

相关图书

《城市革命》
《聚落之旅》
《城市与绿地》
《新共生思想》
《图说大都市圈》
《亚洲城市建筑史》
《东京的空间人类学》
《解读日本城市规划》
《城市·建筑的感性设计》
《地球环境的设计与继承》
《紧凑型城市规划与设计》
《公元 2050 年后的环境设计》
《中国乡村社区环境调研报告》
《乡村社区环境规划建设技术集成》